听专家田间讲课

优质专用
小麦生产技术

赵广才 编著

U0395104

中国农业出版社

北 京

图书在版编目（CIP）数据

优质专用小麦生产技术 / 赵广才编著 . —北京：中国农业出版社，2020.1

（听专家田间讲课）

ISBN 978-7-109-26120-4

Ⅰ.①优… Ⅱ.①赵… Ⅲ.①小麦-栽培技术 Ⅳ.①S512.1

中国版本图书馆 CIP 数据核字(2019)第 253307 号

中国农业出版社出版

地址：北京市朝阳区麦子店街 18 号楼

邮编：100125

丛书策划：杨天桥

责任编辑：郭银巧　杨天桥　舒　薇

版式设计：王　晨　　责任校对：巴洪菊

印刷：中农印务有限公司

版次：2020 年 1 月第 1 版　　印次：2020 年 1 月北京第 1 次印刷

发行：新华书店北京发行所

开本：787mm×1092mm　1/32

印张：7.75　字数：105 千字

定价：25.80 元

出版者的话

实现粮食安全和农业现代化，最终还是要靠农民掌握科学技术的能力和水平。

为了提高我国农民的科技水平和生产技能，结合我国国情和农民的特点，向农民讲解最基本、最实用、最可操作、最适合农民文化程度、最易于农民掌握的种植业科学知识和技术方法，解决农民在生产中遇到的技术难题，我社编辑出版了这套"听专家田间讲课"系列图书。

把课堂从教室搬到田间，不是我们的创造。我们要做的，只是架起专家与农民之间知识和技术传播的桥梁。也许明天会有越来越多的我们的读者走进教室，聆听教授讲课，接受更系统更专业的农业生产知识，但是"田间课堂"所讲授的内容，可能会给你留下些许有用的启示。因为，她更像是一张张贴在村口和地头的明白纸，让你一看就懂，一学就会。

　　本套丛书选取粮食作物、经济作物、蔬菜和果树等作物种类，一本书讲解一种作物。作者站在生产者的角度，结合自己教学、培训和技术推广的实践经验，一方面针对农业生产的现实意义介绍高产栽培技术，另一方面考虑到农民种田收入不高的实际困惑，提出提高生产效益的有效方法。同时，为了便于读者阅读和掌握书中讲解的内容，我们采取了两种出版形式，一种是图文对照的彩图版图书，另一种是以文字为主插图为辅的袖珍版口袋书，力求满足从事种植业生产、蔬菜和果树栽培的广大读者多方面的需求。

　　期待更多的农民朋友走进我们的田间课堂。

2016 年 6 月

目录
MU LU

出版者的话

第二讲 优质专用小麦生产基本知识 / 83

第三讲 小麦高产优质生产技术 / 123

第四讲　麦田常见病虫草害防治技术 / 177

第一讲
小麦生产基本知识

1. 小麦有多少个种？

小麦属于禾本科作物，是世界上最古老的作物之一，也是我国栽培历史最悠久的作物之一。从分类学角度观察，小麦属于禾本科，小麦族，小麦属。世界小麦属已定名的种有20余个，在我国栽培的只有6个种，即普通小麦、硬粒小麦、圆锥小麦、密穗小麦、东方小麦和波兰小麦。目前生产中应用面积最大的是普通小麦。

普通小麦又叫软粒小麦，是我国分布最广、经济价值最高的一个种。其根系发达、入土较深、分蘖力强，生产上应用的品种株高多在70~100厘米。穗状花序，每小穗有3~9朵花，一般结实2~5粒，全穗结实可达20~50粒。生产中有秋（冬）播和春播之分，秋（冬）播的称冬小麦，春播的称春小麦。在生育特性上有冬性、半冬性和春性之分。

硬粒小麦植株较高，茎秆上部充实有髓。穗大，芒长（一般在 10 厘米以上）。籽粒多为长椭圆形，角质透明，千粒重较高，不易落粒。抗条锈病、叶锈病和黑穗病能力较强。在我国生产上多为春播型。品质较好，适宜做通心粉和意大利面条。

圆锥小麦一般植株高大，抽穗前植株呈蓝绿色，茎秆上部充实有髓。穗大而厚，有分支和不分支两种类型。籽粒较大，多呈圆形或卵圆形，顶端呈截断状，粉质。一般晚熟，春性强，抗寒能力弱，抗条锈病能力强。

密穗小麦茎秆矮而粗壮，不易倒伏。穗呈棍棒或橄榄状，侧面宽于正面，小穗排列紧密，与穗轴呈直角着生。在我国甘肃、云南分布较多。

东方小麦形态和生态上与硬粒小麦相似，但其小穗较长而排列较稀。每小穗 3～5 花，结实 3～4 粒。护颖和内外稃长形。植株较高，一般株高 100～130 厘米，穗轴坚韧不易折断。籽粒长形，较大。面粉做通心粉品质好，烘焙品质也较好。春性或弱冬性，抗寒性和抗旱性较弱。

波兰小麦茎秆高大，株高约 120～160 厘米，茎秆上部充实有髓。幼苗直立，分蘖较少，叶色绿或浅绿，叶片长而披垂。大部分品种具细软长芒，但在中国新疆的诺羌古麦为特有的无芒类型。穗较长，小穗排列松散，穗轴坚韧。小穗基部具明显颖托。颖壳（稃）多为白色。籽粒长形，较大，硬质，蛋白质含量较高。春性强。

2. 什么是小麦的生命周期？

小麦的生命周期是指从一粒完整种子萌发到产生新的成熟种子的整个过程，也可以称为生活周期（图 1）。这个过程的长短取决于生态条件的变化，栽培技术对其也有微弱的影响。根据1982—1985 年全国小麦生态研究组对 31 个冬、春类型小麦品种的观察结果，在全国范围内秋播冬小麦的生育期 80～350 天，如北纬 35°～40°的黄淮冬麦区及北部冬麦区，生育期一般 225～275 天；昌都—拉萨和川西南部、云南北部生育期长达320～354 天，广南—临沧包括广西西部、云南中部则仅有 110～150 天，而在北纬 18°左右的海南省，生育期仅 80 天左右（目前海南省已无小麦生产，但有小麦试验）。春小麦的生育期也因地域不同存在较大差异，青海西部、西藏北部春播小麦生育期长达 150～180 天，但大多数春麦区均在 110～120 天。

图 1　小麦生命周期

3. 什么是小麦的阶段发育？

　　小麦从种子萌发到成熟，必须经过几个循序渐进的质变阶段，才能由营养生长转向生殖生长，完成生活周期。这种阶段性质变发育过程称为小麦的阶段发育。每个发育阶段需要一定的外界综合作用才能完成。外界条件包括水分、温度、光照、养分等。大量研究证明，温度的高低和日照的长短对小麦由营养体向生殖体过渡有着特殊的作用，因此明确提出了春化阶段和光照阶段。小麦如果不通过这两个阶段，就不能抽穗完成生命周期。

阶段发育理论对研究麦类冬性、春性划分，品种生态布局，及其引种的栽培管理有着重要的指导意义。

(1) 小麦的感温性（春化阶段） 萌动种子胚的生长点或绿色幼苗的生长点，只要有适宜的综合外界条件，就能通过春化阶段发育。在诸多的外界条件中，起主导作用的是适宜的低温。一般没有通过春化阶段的小麦不能正常抽穗结实，不能正常完成生活周期。小麦的春化现象是在漫长的进化过程中形成的对自然生态条件的一种适应性。

(2) 小麦的感光性（光照阶段） 小麦通过春化阶段后，在适宜的环境条件下进入光照阶段，这一阶段生育进程的主要影响因素是光照的长短，表现为有的品种（特别是冬性品种）在短日照条件下迟迟不能抽穗，延长光照则可大大加速抽穗进程。没有通过光照阶段，小麦也不能正常抽穗，不能完成正常的生活周期。小麦的光照现象也是在漫长的进化过程中形成的对自然生态条件的一种适应性。

4. 什么是冬性、半冬性和春性品种？

　　小麦品种的冬性、半冬性和春性，就是根据不同品种通过春化阶段时所要求的低温程度和时间长短而划分的 3 种类型。

　　(1) **冬性品种**　对温度要求极为敏感。春化适宜温度在 0～5 ℃，春化时间 30～50 天。其中，只有在 0～3 ℃条件下经过 30 天以上才能通过春化阶段的品种，为强冬性品种。没有经过春化阶段的种子在春季播种，不能抽穗。我国北部冬麦区种植的品种，多属于这一类型。

　　(2) **半冬性品种**　对温度要求属中等类型，介于冬性和春性之间。在 0～7 ℃条件下，经过15～35 天可以通过春化阶段。没有经过春化阶段的种子在春季播种，不能抽穗或延迟抽穗，抽穗不整齐，产量很低。我国黄淮冬麦区种植的品种，多属于这一类型。这一类型的品种有些地方又分为弱冬性和弱春性两种。

（3）**春性品种** 通过春化阶段时对温度要求范围较宽，经历时间也较短，一般在秋播地区要求 0～12 ℃，北方春播地区要求在 5～20 ℃，经过 5～15 天的时间可以通过春化阶段。我国东北及内蒙古等春播小麦地区种植的小麦品种，多属于这一类型。南方冬麦区冬播的品种也多为春性品种。

了解品种类型对小麦引种、确定播期以及采取相应的栽培措施具有重要的意义。在生产实践中，选择品种时，首先要考虑品种的冬春属性。如在北部冬麦区，应选择强冬性或冬性品种；在黄淮冬麦区，多选用半冬性品种；在南方冬麦区，选择半冬性或春性品种；在春（播）麦区，如东北、内蒙古等地，应选择春性品种。如果在北部冬麦区引种半冬性或春性品种，可能导致冻害死苗；如果在华南（冬播）引种冬性品种（春播），可能由于种子不能通过春化阶段，导致不能抽穗或抽穗延迟而少，造成严重减产。若在东北地区引种冬性品种秋播，可能导致严重冻害死苗。不过有人研究冬麦北移，已取得初步结果，但需采用抗寒性极强的强冬性品种，在有积雪覆盖的地区种植，并采取合理的栽培措施。

5. 冬小麦、春小麦和冬性小麦、春性小麦有什么区别？

冬小麦和春小麦是根据播种季节划分的两种栽培类型，冬小麦是指在秋季或冬季播种的小麦，春小麦是指在春季或初夏播种的小麦。冬性小麦、半冬性小麦或春性小麦是根据小麦品种的感温性（或称春化特性）来确定的品种类型。冬（秋播）小麦在北部冬麦区播种时一般为冬性小麦品种，在黄淮冬麦区播种多为半冬性小麦品种，在南方冬麦区（包括长江中下游冬麦区、华南冬麦区和西南冬麦区）多为秋、冬播的春性小麦品种，因此冬小麦在不同地区种植时，可能播种的是冬性小麦、半冬性小麦或春性小麦品种，而春播的小麦则都为春性小麦品种。

6. 为什么说小麦是长日照作物？在生产上有什么意义？

小麦进入光照阶段以后，光照时间成了完成小麦生活周期的主导因素。不同品种对光照长短的反应不一样，一般可分为 3 种类型：

（1）**反应迟钝型** 在每日 8～12 小时光照条件下，经过 16 天以上都能通过光照阶段而抽穗。这类型品种多属于原产于低纬度地区的春性小麦品种。

（2）**反应中等型** 在每日 8 小时光照条件下，不能通过光照阶段，不能抽穗，而在每天 12 小时光照条件下，经历 24 天以上可以抽穗。一般半冬性品种属于这种类型。

（3）**反应敏感型** 在每日光照 12 小时以下时不能抽穗，而在 12 小时以上时，经历 30～40 天才能正常抽穗。冬性品种和高纬度地区的春性品种多属于这种类型。

一般情况下，对光反应敏感的品种需要较多的累积光长，迟钝型的品种需要较少的累积光长。

春性品种随光长的增加，苗穗期明显缩短，属长光敏感型；而冬性品种则随着光长的缩短，苗穗期明显缩短，属短光敏感型。日照越长越有利于小麦抽穗，反之则抽穗延迟或不能抽穗，因此把小麦叫做长日照作物。

了解小麦的这一特性，对生产中小麦引种有一定的指导意义。小麦品种从长日照地区向短日照地区引种，抽穗、成熟推迟或不能抽穗。我国在地球的北半球，北部纬度高，南部纬度低，夏季北部日照长、南部日照短，一般同纬度同海拔引种容易成功。但在任何情况下，引种都应该先试种成功后再大量种植，避免盲目引种造成减产。

7. 小麦一生分为几个生长时期？在生产中怎样识别和应用？

小麦一生经历发芽、出苗、分蘖、越冬、返青、起身、拔节、挑旗、抽穗、开花、灌浆、成熟等一系列形态和生理变化过程，小麦产量就是在这个完整过程中形成的。根据小麦生长发育的特点，可分为3个相互联系的生育阶段：

(1) **营养生长期** 也叫生育前期，一般是指从出苗到起身。以北京为例，大致从 10 月上中旬到第二年 3 月上中旬。这一时期以长根、叶和分蘖等营养器官为主。一般在第四片叶长出时开始分蘖，有些品种在地力较好时也可在第三片叶时长出芽鞘蘖。适期播种，生长正常的小麦在越冬前主茎可长成 6～7 片叶、5～7 条种子根、5～8 条次生根和 3～5 个分蘖，随气温降低，小麦生长渐渐变得缓慢，当日平均温度降到 0℃时，地上部则逐渐停止生长，进入越冬期，一直到第二年 2 月底 3 月初气温回升到 2～3℃及以上时，麦苗才开始明显恢复生长进入返青期，到小麦第三叶露尖时（在北京约为 3 月底），麦苗开始起身，由匍匐转向直立，称为起身期。

(2) **营养生长和生殖生长并进期** 也叫生育中期，一般是指从起身到挑旗期（孕穗期）。这一时期小麦的营养器官（根、茎、叶）和生殖器官（幼穗、小花）同时进行生长发育，也是根、茎、叶、蘖生长最旺盛的时期（在北京大致是在 3 月底至 4 月下旬），经过拔节、春后分蘖和部分小蘖逐渐死亡，节间伸长一直到孕穗期。此时穗分化进程是从小穗分化到小花分化完成。生育中期是决定穗大粒多的重要时期，也是肥水管理的关键时期。生产上要求植株个体健壮，群体结构合理，搭好丰产骨架。

（3）**生殖生长期**　也叫生育后期，一般是指从孕穗到成熟期（在北京大致是在4月下旬至6月中旬）。这一时期是以穗、粒生长为主的时期，也是形成产量的关键时期。生育后期主要是籽粒形成、发育、灌浆阶段，营养生长基本停止，是决定结实粒数、籽粒重和小麦品质的重要时期。生产上的主攻目标是养根、护叶、增粒数和粒重，也就是防止根系活力衰退，提高和保护上部叶片功能，减少小花退化，延长灌浆时间，实现增加粒数和粒重。

8. **小麦种子有哪些特点**？

小麦的种子，即受精后的子房发育而成的果实，植物学上称颖果。其形态多样，有棱形、卵圆形、圆筒形和近椭圆形等。因种皮色素细胞所含色素不同，粒色可分红、黄白、浅黄、金黄、紫、黑、绿、蓝等多种，但生产上常用的种子多数为红、白两种。小麦种子隆起的一面称背面，有凹陷的一面称腹面，腹面有深浅不一的腹沟，腹沟两侧叫颊，顶端有短的茸毛，称冠毛，背面的基部是胚着生的部位。

小麦种子由皮层、胚和胚乳三部分组成。种皮由果皮（由子房壁发育而成）和种皮（由内胚珠发育而成）两部分构成，包在整个籽粒的外面。皮层因品种和栽培条件不同厚薄不等，皮层重量约占种子总重的 5%～7.5%。胚是种子的重要部分，一般占种子重量的 2%～3%。胚由盾片、胚芽、胚茎、胚根和外子叶组成。胚芽包括胚芽鞘、生长锥和已分化的 3～4 片叶原基，以及胚芽鞘原基。在种子萌发时，胚芽发育成小麦地上部分——茎和叶。胚芽鞘是包在胚芽以上的鞘状叶。胚轴连接胚芽、胚根和盾片，萌发后胚芽鞘与第一片叶之间的部分伸长形成地中茎。胚根包括主根及位于其上方两侧的第一、二对侧根。胚在种子中所占比例虽小，但没有胚或胚丧失生命力就失去了种子的价值。胚乳由糊粉层和淀粉层组成，约占种子重量的 90%～93%，其中糊粉层约占种子重量的 7%，均匀分布在胚乳的最外层，主要由纤维素、蛋白质、脂肪和灰分组成，淀粉层由形状不一的淀粉粒细胞构成，蛋白质存在于淀粉粒之间。因胚乳中淀粉和蛋白质不同，小麦胚乳质地有硬质（角质）和粉质（软质）之分（图2）。

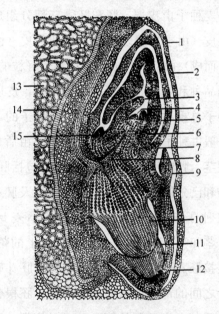

图 2　种子纵切面（示胚的构造）

1. 果皮　2. 种皮　3. 第二片叶　4. 生长点　5. 第三片叶
6. 第一片叶　7. 胚芽鞘　8. 胚轴　9. 外子叶　10. 胚根
11. 根帽　12. 根鞘　13. 胚乳　14. 盾片　15. 胚芽鞘腋芽
（引自中国农业科学院主编《小麦栽培理论与技术》第 29 页）

9. 什么是种子的休眠和萌发？

小麦种子成熟以后给以适宜的条件仍不发芽的现象，称为休眠。休眠期的长短及深度与种皮的厚薄和颖片内的抑制物质有关，一般红粒种子休眠期较长，白粒种子休眠期较短。休眠期过短的种子，在小麦收获期遇雨时容易出现穗发芽现象。度过休眠期的种子，在适宜的水分、温度和氧气条件下，便开始萌发生长（图3）。小麦种子的萌发必须经历3个过程：

（1）**吸水膨胀过程** 在干燥条件（种子含水量12%～13%）下，其呼吸作用被抑制在最低水平上，当供水充足时，种子很快吸收水分，体积增大。

（2）**物质转化过程** 当种子吸水量增加到干重的30%以上时，呼吸作用逐渐增强，各种酶类开始活动，一方面将胚乳中贮藏的淀粉、脂肪等营养物质转化为呼吸基质，提供能量，将淀粉、蛋白、纤维等难溶性物质转化为可溶性含氮化合物和糖类；另一方面合成新的复杂物质，促进胚细胞的分裂与生长。

　　(3) 形态变化过程

　　当种子吸水达到自身
重量的 45%～50% 时，
胚根鞘首先突破种皮而
萌发，称"露嘴"，然
后胚芽鞘也破皮而出，

图3　小麦种子萌发

一般胚根生长比胚芽快，当胚芽长达种子的一半
时称为发芽。

10. 小麦的根有几种？在土壤中怎样分布？

　　小麦的根系是植株吸收土壤中水分和养分的
主要器官，起固定植株的作用，也是重要的营养
合成器官。小麦的根系是由种子根和次生根组成
的。种子根（也叫初生根、胚根）是由种子的胚
直接生出的根，一般 3～7 条。种子大而饱满，土
壤水分、温度、空气条件适宜时，生出的种子根
就多，反之则少。种子根细而长，在小麦生长初
期（三叶前），小麦植株主要靠种子根吸收土壤中

的水分和养分。前期种子根生长较快，在三叶期时，壮苗的种子根可长到 30～40 厘米，越冬时种子根可达 60～100 厘米，抽穗时可达 150 厘米以上，种子根终生都有吸收作用，尤其是吸收深层土壤中的水分和养分。因此，发育良好的种子根入土较深，可增强植株的抗旱能力。次生根（也叫节根），是在幼苗长出 3 片叶后从分蘖节上长出的根，一般比种子根粗且短。次生根的数目与植株的健壮程度和分蘖多少有直接关系。生长健壮的植株，每长一个分蘖，在分蘖节上同时生出 1～2 条次生根。当分蘖长出 3 片叶后，分蘖的基部也能直接长出次生根。所以，植株健壮、分蘖多，次生根相应也较多。次生根虽不如种子根长，但越冬时生长健壮的植株次生根也可达 30～60 厘米，抽穗时可达 100 厘米左右。次生根数量多，吸收水分和养分能力较强。

小麦的根系主要分布在 0～40 厘米土层内，其中 0～20 厘米土层内占总根量的 70%～80%，随土层渐深，根系渐少，40 厘米以下土层根系只占 10%～15%（图 4）。据笔者在高产麦田取样，通过扫描仪及计算机分析测定，0～10 厘米土层内

的根表面积占 0～40 厘米土层内总根表面积的
66%，10～20 厘米土层内占 18%，20～30 厘米土
层占 10%，30～40 厘米土层占 6%。

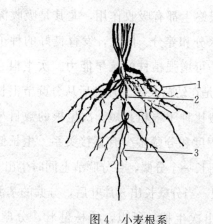

图 4　小麦根系

1. 次生根　2. 根状茎　3. 初生根

（引自中国农业科学院主编《小麦栽培理论与技术》）

　　根系的分布受土壤环境的影响很大。土壤中
的水分、养分、温度、空气对根系生长都有很大
影响。土壤过湿过干都不利于根系生长，一般土
壤湿度为田间持水量的 70%～80% 最适合根系生
长。土壤中水分过多、通气不良，根系生长受到
抑制；土壤过干，根系生长缓慢。因此，播种时
一定要注意土壤墒情，创造合适的发芽生根条件。

土壤中养分充足，可促使根系发达，土壤过瘦会使根系生长受到影响。土壤温度也是影响根系生长的重要因素。一般温度 16～20 ℃时最适合根系生长，低于 2 ℃或高于 30 ℃时根系生长受到严重抑制；适期播种、适宜温度，有利于根系发育；早春返青时，中耕松土提高地温，有利于根系生长；土壤通气良好，可促进根系发育；土壤板结或湿度过大、通气不良，都对根系生长不利。因此，适当控制土壤墒情，合理进行中耕松土，保持土壤良好通气性，可有效促进根系生长发育，增加根系的吸收能力，实现根深叶茂，植株健壮。

11. 小麦的茎秆有什么特点和功能？

小麦的茎是植株输送水分和营养的主要器官。根系吸收的水分和养分需要通过茎运送到地上部各器官，叶和其他绿色器官制造的有机物也要通过茎运送到根和其他部位（或在茎秆中储存）。茎也是支持器官，支持地上部各器官，使叶片合理分布在不同的位置和空间，以利于进行光合作用，制造有机物质。只有健壮的茎秆，才能起到良好输送功能，并支持叶片和穗，壮秆大穗，才能丰产。因此，生产上经常采取不同的肥水措施调节群体，促进壮秆形成。

小麦的茎一般可分为三部分，即地中茎、分蘖节和地上茎秆。地中茎有长有短，有的没有地中茎。一般播种深的麦田，小麦地中茎发生率高，且地中茎较长。有时还可能出现地中茎的分节现象。播种浅的麦田，多数没有地中茎。分蘖节是分蘖发生的部位，也是紧缩在一起的茎，通常在地下而靠近地表的部分。一般地上的茎节不发生分蘖，但也有特殊情况，如在盆栽情况下可能有地上节间发生分蘖的现象，大田中若地上茎秆受损，而且土壤水分养分条件较好时，也有可能出现地上节间发生分蘖。地上茎秆是我们常说的麦秆，由节和伸长的节间组成，通常为5节，也有4节和6节的。生长期短的春性品种、播种过晚的冬性品种或发生较晚的分蘖，常出现4个节间；生长期长而栽培条件好的麦田，常可出现6节现象。特殊情况下可发生10节或更多，例如在温室盆栽试验中曾发生多节间现象，生产中大田则很少出现多于6节的地上茎秆。小麦的茎节在幼穗分化以前就已分化形成，但各节间还没伸长，进入拔节期以后节间才依次逐渐伸长。小麦的茎秆随品种、环境条件和栽培措施不同而有很大差异，其长短、高低、粗细、硬度、柔韧性及茎秆壁的厚度等都不一样，茎秆的各节间长度比例等也有很大差别，这些都影响到小麦的抗倒伏能力和产量（图5）。目前生产上广泛应用的小麦品种植株高度多数在70~85厘米，也有一些60~70厘米的矮秆高产品种，还有一些在90厘米以上的抗倒能力强的高秆高产品种。

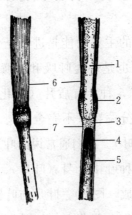

图 5 小麦的茎节

1. 髓 2. 叶鞘 3. 横隔 4. 腔 5. 秆壁 6. 节间 7. 节

（引自中国农业科学院主编《小麦栽培理论与技术》）

茎秆的生长发育除了品种本身的遗传因素制约以外，更受环境条件和栽培措施的影响。在群体结构合理、麦田通风透光良好的条件下，合理的水肥供应有利于形成壮秆；水肥不足则茎秆细弱。氮肥过多、群体过大，会使茎秆拔高而软弱，容易发生倒伏。早春肥水措施过早，容易使基部节间伸长过快、过长而抗倒能力差。因此，生产上在早春常采取蹲苗措施，使基部节间短而粗壮，有利于抗倒和高产。

12. 小麦的叶片有什么特点和功能？

小麦叶片的主要功能是进行光合作用，制造有机物，同时也是小麦呼吸和蒸腾的重要器官。小麦的叶片有 5 种，有盾片（退化叶）、胚芽鞘（不完全叶）、分蘖鞘（不完全叶）、壳（变态叶）和绿叶（完全叶）。我们通常说的叶片是指发育完全的绿叶，这种叶由叶身（叶片）、叶枕、叶鞘、叶耳和叶舌组成（图6）。叶片与叶鞘的连接处叫叶枕。叶鞘着生在茎节上，包围节间的全部或一部分，主要功能是加强茎秆强度，也可进行光合作用。叶舌位于叶片与叶鞘的交界处，主要功能是防止雨水、灰尘和害虫侵入叶鞘；叶耳很小，着生在叶片基部左右两侧，环抱茎秆，有的品种没有叶耳。叶耳有红、紫、绿等不同颜色，可作为鉴定品种的标志。

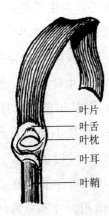

图6　小麦叶片的外部形态

（引自山东农学院主编《作物栽培学》）

小麦叶片数因品种和环境及栽培措施而有一定变化，但在一定地区都有其最适的主茎叶数，并且相对而言比较稳定。例如黄淮冬麦区和北部冬麦区在适宜的播期和栽培条件下，多数冬小麦品种的主茎都有12～13片叶，而且多数在冬前就有6～7片叶，春季生长6叶片。但分蘖的总叶片数随生长时期的推迟和蘖位的升高而逐渐减少。当播种晚时，主茎的叶片数会明显减少，而且主要是冬前叶片数减少，春生叶片数在管理适当时仍可达到 6 片。春小麦主茎总叶数多为 7~9 片，也有 6 片或 10 片的，与生长期有关。一般晚熟品种叶片偏多，早熟品种叶片偏少。

根据生产需要，按叶片的着生部位，通常把叶片分为近根叶或茎生叶两类。近根叶是着生在分蘖节上的叶片，是从出苗到起身期陆续生长的。近根叶常因品种、播期不同而有所变化。同一品种、播期较早的，一般近根叶数目较多，叶片总数也随之增加。近根叶主要是在拔节前用其所制造的光合产物供给根、叶和分蘖的生长需要，对于壮苗起重要作用。因此，近根叶生长的程度及长势通常作为划分壮苗或弱苗的重要指标。

茎生叶是指着生于地上部茎秆的叶，其叶鞘包着伸长的节间，各叶片在茎秆上拉开距离。因为茎秆节间多为 5 节，所以茎生叶也多为 5 片。从着生部位来分，最上部的茎生叶叫旗叶，旗叶和下部的倒 2 叶称为上部叶片，倒 3 叶和倒 4 叶称为中部叶片，倒 5 叶称为下部叶片。茎生叶所制造的光合产物，除了供本身生长需要外，主要是供给茎、穗及籽粒的生长，因此只有茎生叶健壮、分布合理，才能实现壮秆大穗。小麦生长后期上部叶片的主要功能是制造光合产物供给籽粒形成和灌浆，所以保护叶片、延长上部叶片的功能期，对形成大穗、增加粒重和提高产量有重要意义。

13. 什么叫分蘖节？有什么作用？

由小麦基部没有伸长的密积在一起的节和节间组成的器官，叫分蘖节（图7）。一般一株小麦只有一个分蘖节，分蘖节不仅是发生分蘖和次生根的组织，也是麦苗贮藏养分的器官。幼苗时期的分蘖节不断分化出大量的分蘖芽和次生根，在条件合适时逐渐长成分蘖；条件不利时，就会影响生根、长蘖。因此，分蘖节在生产上有重要意义，保护分蘖节不受损伤，调节分蘖节在土壤中的合理位置，使其不受冻害，对促进分蘖发生很有益处。例如在幼苗地上部受到伤害时，只要分蘖节保护完好，还可从分蘖节中生出新的分蘖；如果分蘖节受到伤害，不仅不能分生新的分蘖，还可能造成整株麦苗死亡。播种深度对分蘖节在土壤中的位置有一定的影响。一般冬小麦播种深度在 3～5 厘米时较为合适，分蘖节处于地表下3～4 厘米处，可防止冻害；若播种过浅，分蘖节处于地表，易使分蘖节遭受冻害，从而造成整株死亡。防止分蘖节冻害除了调节播种深度，还可在易发生冻害的地区越冬期间适当覆盖（盖土或有机肥等），适时浇越冬水或进行冬季镇压，以防冻保苗。

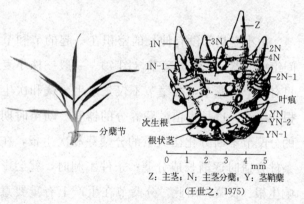

Z：主茎；N：主茎分蘖；Y：茎鞘蘖
（王世之，1975）

图 7　小麦分蘖节

14. 什么叫分蘖？有什么特点和作用？

从麦苗基部茎节上长出的分枝叫分蘖（图8）。

图 8 小麦分蘖

通常小麦的分蘖是由分蘖节上长出的，但在特殊
情况下也有在地上部节间的节上长出分蘖的现象。
一般播种期正常，土壤、水肥、气温条件合适，
小麦都能长出分蘖，但在播种过晚、过密、过深，
或土壤干旱贫瘠的条件下，往往不能出生分蘖，
形成独秆弱苗。因此，分蘖的多少与健壮程度也
常作为苗情分析的指标。通常要根据麦田中分蘖
多少、长势情况以及分蘖成穗的数量采取相应的
栽培管理方法。正常生长的小麦会产生较多的分
蘖，一般冬小麦，健壮的麦苗在冬前可有 3~5 个
分蘖出现，多的可达 7~8 个分蘖，这些分蘖有自
己的根系，可以相对独立生长发育，但这些分蘖

不一定都能成穗，只有较早生出的低位蘖（大蘖）才能成穗，小分蘖在拔节期两极分化时将逐渐死亡。冬小麦的春季分蘖大多不能成穗，只有在冬前分蘖很少、群体较小时，春季管理合适，才有可能使早春的分蘖成穗。

分蘖穗是构成产量的重要组成部分，单位面积穗数由主茎穗和分蘖穗两部分构成，目前在一般播种适期的高产麦田，分蘖穗占总穗数的60%以上，中产麦田在50%以下，晚播、干旱、贫瘠的麦田主要以主茎成穗为主，分蘖穗占比较小。分蘖是壮苗的重要标志。正常秋播的冬小麦，分蘖较多且健壮的麦苗通常被认为是壮苗。分蘖还有再生作用，当主茎和分蘖遇到不良条件而死亡时，即使分蘖期已经结束，只要水肥条件适合，仍可再生新的分蘖。因此，生产上应根据麦田群体状况和分蘖的消长规律，及时采取合理的促控措施，以促进大蘖成穗，提高分蘖成穗率，增加产量。

15. 什么是小麦分蘖力和分蘖成穗率？

分蘖力又叫分蘖性，是指小麦分蘖的特性和

能力。分蘖能否发生和发生多少与小麦的品种和栽培条件有关。一般冬性小麦比春性小麦分蘖力强，适时播种比晚播小麦分蘖多，土壤肥力高、墒情好、管理适当的麦田比瘠薄旱地的小麦分蘖多。分蘖力强弱可用单株分蘖数表示。平均单株分蘖数为麦田内单位面积总茎数除以基本苗数所得之商。分蘖成穗率是指成穗的有效分蘖（包括主茎和分蘖）占总茎数（包括主茎和分蘖）的百分率。调查时一般在最高分蘖期调查田间单位面积总茎数，即最高总茎数，成熟时再调查单位面积总穗数，以总穗数除以最高总茎数，再换算成百分率即为分蘖成穗率。

16. 什么是有效分蘖和无效分蘖？生产中如何调控？

小麦分蘖的数量因品种、春化特性、生态环境及栽培条件有很大差异，一般冬性小麦分蘖最多，依次为半冬性小麦和春性小麦，冬播小麦分蘖较多，春播小麦分蘖较少。例如北部冬麦区适期播种、生长正常的冬小麦（冬性）

一般每亩①最高总茎数（包括主茎和分蘖）都在100万以上，有些可高达150万～200万，但在江淮地区适期播种、正常生长的冬小麦（半冬性）一般每亩最高总茎数都在50万～60万，总体呈现从南向北总茎数和单株分蘖逐渐增多的趋势。一般情况下分蘖不能完全成穗，能够成穗结实的分蘖称为有效分蘖，不能成穗结实的分蘖则称为无效分蘖。一般低蘖位和低级位分蘖多为有效分蘖，高蘖位、高级位分蘖容易成为无效分蘖。有效分蘖占总分蘖的百分率为有效分蘖率，一般冬小麦的有效分蘖率为30%～50%，春小麦为10%～30%。

　　小麦分蘖一般在起身期开始发生两极分化，一部分发展为有效分蘖，另一部分则成为无效分蘖，一直持续到抽穗期结束。在两极分化的过程中，一些小分蘖逐渐枯黄死亡，大分蘖逐渐抽穗，拔节期是小麦两极分化的高峰期，也是肥水管理的关键时期，此期肥水充足，可以促进分蘖成穗，提高成穗率和增加有效分蘖。反之，如果此时肥水不足，植株营养不良，则会出现大量分蘖衰亡，

---

① 亩为非法定计量单位。15 亩＝1 公顷。——编者注

无效分蘖增加，有效分蘖减少。因此，拔节期的肥水管理对促进有效分蘖至关重要。

17. 小麦分蘖与主茎叶位有什么对应关系？

小麦的分蘖与主茎的叶片生长具有一定的对应关系，也叫同伸关系。具体表现为：在主茎长出第三叶时，条件适宜可发生胚芽鞘分蘖，但在一般大田生产中，由于胚芽鞘节在土壤中相对较深或条件较差，胚芽鞘分蘖很少出现。因此，生产上通常不把胚芽鞘分蘖计算在内。主茎的心叶叶位（以 N 表示）与 1 级分蘖心叶相差 3 个叶位，表现为 N-3 的同伸关系。一般当主茎第四片叶露尖时，第一叶腋中长出的分蘖开始露尖；主茎第五叶露尖时，第二片叶的叶腋中长出的分蘖露尖；主茎第六叶露尖时，第三叶的叶腋中长出的分蘖露尖（依次类推）。从主茎叶腋中长出的分蘖叫 1 级分蘖（也叫子蘖）。从主茎第一、二、三……叶腋伸出的分蘖，叫第一、第二、第三……子蘖（通常叫第一、二、三……蘖，而把子省掉），分别记为 1N、2N、3N……。从 1 级分蘖长出的分蘖叫 2 级分蘖（也叫孙蘖）。从第一子蘖的鞘叶，第一、二……完全叶伸出的分蘖叫第一、二、三……孙蘖，分别记为 1N-1，1N-2，1N-3……。从第二子蘖的鞘叶，第一、二完全叶长出的分蘖，分别记为 2N-1，2N-2，2N-3……余类推。从 2 级分蘖叶腋中长出的分蘖叫 3 级分蘖（也叫重孙蘖），从孙蘖的鞘叶，第一、二……完全叶的叶腋出生的分蘖，分别叫第一、二、三……重孙蘖，因为它们分属于第一、第二、第三……子蘖群，分别记为 1N-1-1，1N-1-2，1N-1-3……，1N-2-1、1N-2-2，1N-2-3……，2N-1-1、2N-1-2、2N-1-3……，2N-2-1、2N-2-2、2N-2-3……，3N-1-1、3N-1-2、3N-1-3……，3N-2-1、3N-2-2、3N-2-3……余类推。从 3 级分蘖上长出的分蘖叫 4 级分蘖，因生产上很少见，故不再赘述。一般生长正常的小麦在不计算芽鞘蘖的情况下，主茎 3 叶时有 1 个茎（主茎），4 叶时有 1 个主茎和 1 个 1 级分蘖，共 2 个茎；5 叶时有 1 个主茎和 2 个 1 级分蘖，共 3 个茎；6 叶时有 1 个主茎、3 个 1 级分蘖及 1 个 2 级分蘖，共 5 个茎；7 片叶时有 1 个主茎、4 个 1 级分蘖和 3 个 2 级分蘖，共 8 个茎；8 叶时有 1 个主茎、5 个 1 级分蘖、6 个 2 级分蘖和 1 个 3 级分蘖，共 13 个茎。具体分蘖情况见表 1。

表1 同伸蘖出现分期表

同伸蘖出现分期	蘖位						各期出现分蘖数	总茎数累计	主茎叶片数	芽鞘蘖的蘖位
第一期	1N							1	3	Y
第二期	2N					1N-1	1	2	4	Y-1
第三期	3N					1N-1	2	3	5	Y-2
第四期	4N			3N-1	2N-2	1N-2 / 1N-1-1	3	5	7	Y-3 / Y-1-1
第五期	5N	4N	3N-1	2N-2	1N-3 / 1N-1-2 / 1N-2-1		5	8 13	6 8	Y-4 / Y-1-2 / Y-2-1

（续）

同伸蘖出现分期	蘖					位	各期出现分蘖数	总茎数累计	主茎叶片数	芽鞘蘖的蘖位
第六期	1N－4 1N－1－2 1N－2－1	2N－3 2N－1－1	3N－2	4N－1		6N	8	21	9	Y－5 Y－1－3 Y－2－2 Y－3－1 Y－1－1－1
第七期	1N－5 1N－1－3 1N－2－2 1N－3－1 1N－1－1－1	2N－4 2N－1－2 2N－2－1	3N－3 3N－1－1	4N－2	5N－1	7N	13	34	10	以下从略

注：（1）此分期表只按主茎分蘖（用N表示）为准开列，因芽鞘蘖（用Y表示）常不能正常出现，故只附记在后。未算进出现分蘖数内。第八期以下从略。

（2）此表引自中国农业科学院主编《小麦栽培理论与技术》第69页。

18. 什么叫分蘖缺位？怎样避免和减少缺位？

根据上述小麦分蘖和主茎叶位的同伸关系，在小麦第四片叶出生后，开始出现分蘖，以后主茎长1片叶，就应该相应生出1个或1组分蘖。但在生产中，常因分蘖期土壤水、肥、气、热等条件不良，或麦苗受到伤害，蘖芽停止发育，以后即使环境条件好转，已停止发育的分蘖芽也不再发育和生长，使该蘖位的分蘖缺失，这种现象就叫分蘖缺位。在这个蘖位以后的分蘖芽，在条件合适时还可以继续长成分蘖。生产上出现分蘖缺位的原因主要有：

① 播种过深，出苗过程中种子营养消耗过大，使幼苗细弱，营养不良，容易造成芽鞘蘖和第一个1级分蘖缺位，1级分蘖缺位后，这一组分蘖就都缺位。

② 密度过大，个体发育不良，容易造成分蘖缺位。

③ 分蘖期缺肥、缺水或水渍、病虫害危害，都

可造成分蘖缺位。旱地小麦多数情况下会出现分蘖缺位。生产上应创造有利于分蘖发生的条件，如适时播种、播深适度、合理稀植、墒情适宜、养分充足，都可促使分蘖出生，减少缺位现象发生（图 9）。

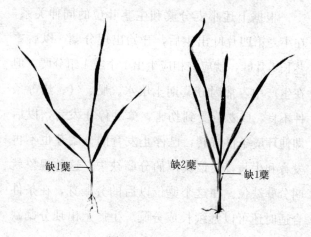

图 9 小麦分蘖缺位

19. 什么叫小麦叶龄？

叶龄是指主茎已出生的叶片数，如主茎刚生 1 片叶时叶龄为 1，第二叶长到一半时叶龄为 1.5，第二叶展开时叶龄为 2，余类推。不同的品种叶龄是有一些差异的。即使同一品种在不同地区种植，或在不同年度种植，以及同一年度在不同时期播种，叶片数也会有差异，叶龄也就不同，比较明显的是同一冬小麦品种早播和晚播，其叶龄可相差 2～3，甚至更多。为了便于比较，可用叶龄指数或叶龄余数来表示（图10）。

图 10 4.7叶龄小麦

（第 5 片叶尚未完全展开，叶龄记为 4.7）

20. 什么是小麦叶龄指数和叶龄余数？

小麦叶龄指数是指小麦生育期中主茎已展开的叶片数与总叶片数的比值。计算方法如下：叶龄指数＝调查时叶龄÷主茎总叶片数×100％。例如某一冬小麦品种，适期播种时主茎的总叶片数为 12 叶，拔节期的叶龄数为 9 叶期，叶龄指数＝（9÷12）×100％＝75％；如果晚播时主茎总叶片数为 11，拔节期的叶片数为 8 叶期，那时的叶龄指数＝（8÷11）×100％＝73％；再晚播总叶片数可能是 10，拔节期的叶片数为 7 叶期，那时的叶龄指数＝（7÷10）×100％＝70％。所以叶龄指数和小麦的生育期有一定的对应性。

叶龄余数是指主茎叶片的余数，即指主茎上还没伸出的叶片数。例如某一品种在某一地区种植，不同播期条件下，主茎总叶片数大致是可以掌握的，如果知道某一品种在适期播种时叶片数为 12，那么伸出 1 片叶时，则叶龄余数为 11，第二叶长出一半时叶龄余数为 10.5，第二叶展开时，叶龄余数为 10……，余类推。叶龄余数在黄淮冬麦区北部及北部冬麦区主要用于记载春生叶片数，因为在这一地区的冬小麦不管播期早晚及冬前叶片数多少，主茎春生叶片一般都为 6 片，春生第一片时，叶龄余数为 5，这时对应的生育期（穗分化期）是生长锥伸长期；春生 2 叶时叶龄余数为

4，对应的生育期（穗分化期）为单棱期到二棱初期；春生 3 叶时叶龄余数为 3，对应的生育期（穗分化期）为二棱末期；春生 4 叶时叶龄余数为 2，对应的穗分化期为小花分化期；春生 5 叶时，叶龄余数为 1，对应的穗分化期为雌雄蕊分化期；春生第六叶时，叶龄余数为 0，穗分化期为药隔形成期。各品种无论播期早晚，或不同年份、不同地区种植，春季叶龄余数所对应的穗分化期相对比较稳定，因此根据春季叶龄余数判断穗分化的进程相对比较可靠。小麦叶龄指标促控法（见第三讲 80 问）就是根据叶龄余数与穗分化的对应关系进行肥水促控管理的科学方法。

21. 什么是小麦壮苗？怎样管理？

一般来讲，小麦冬前管理的主攻方向是促根、增蘖、培育壮苗，保苗安全越冬。那么壮苗的标准是什么呢？冬前壮苗的标准应在苗全、苗匀、苗齐的基础上从群体和个体两个方面来衡量。就个体而言，一般要求在越冬前，小麦主茎应有 6～7 片叶，叶色葱绿，单株分蘖 3～5 个（不包括主茎），分蘖基本符合与主茎叶片的同伸规律，基本不缺位（图11）。次生根2～3层，6～10条，幼苗敦实苗壮，基本无黄叶。北部冬麦区一般要求群体每亩总茎数60万～90万，黄淮冬麦区60万～80万，长江中下游麦区50万～70万。北部冬麦区过去曾有"三大两小五个蘖，十条根子六片叶，叶片宽短颜色深，趴在地上不起身"的壮苗标准，现在品种和生产条件虽有很大变化，但仍有借鉴作用。

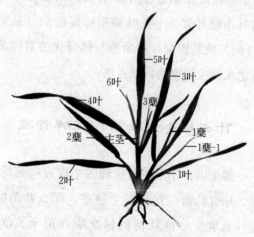

图11　小麦冬前壮苗

对于壮苗麦田，早春管理应以蹲苗为主，较少无效分蘖，控制合理群体，缩短基本节间，实现稳长、壮蘖、健株。适时镇压保墒，加强中耕增温，不急于灌水追肥，免去返青肥水，把春季第一次肥水管理推迟到拔节期进行，以促进大蘖成穗，穗大粒多，籽粒饱满。

22. 什么是小麦弱苗？怎样加强管理？

小麦生长过程中由于种种因素干扰，使小麦不能按正常的规律生长发育，出现明显有别于正常生长的苗情，通常认为是弱苗。主要表现在：

① 分蘖缺位。不按分蘖发生规律，该长分蘖而不出现分蘖，例如主茎生出 5 片叶时应长出 2 个分蘖，6 片叶时应长出 4 个分蘖，但田间麦苗到 5、6 叶时没有分蘖，形成独秆苗，或只有高位小分蘖，而低位分蘖未出现，都称为分蘖缺位。

② 没有明显膨胀的分蘖节，根系少而细弱。

③ 植株细弱瘦小，生长缓慢。

④ 叶片发黄，或短小，深暗带紫色。

⑤ 播种过早、过密，冬前生长过旺，群体过大，养分消耗过多，苗高而细弱，造成麦苗抗寒性降低，早春易发生冻害或冷害，造成主茎和大

蘖受冻或死亡，这类麦苗常因为过旺而转化为弱苗。

对于弱苗，应首先找出弱苗形成的原因，对症管理。缺肥、干旱、土壤板结、盐碱、药害、播种过深等原因都可造成弱苗。一般应加强田间管理，早春镇压保墒，中耕松土，提高地温，促苗早发快长，适当追肥灌水，满足苗期生长需要，促弱转壮。对过旺苗转化的弱苗，要及时补施氮肥，并适当配合磷钾肥，促小蘖生长，争取成穗。

23. 什么是小麦返青和拔节？在生产上有什么意义？

小麦返青是越冬后恢复生长的现象和过程，返青的标志是田间有 50%以上植株心叶转绿，并长出 1～2 厘米。在北部冬麦区，冬季小麦叶片枯萎干黄，早春返绿，有明显的返青期，南方冬麦区小麦带绿越冬，无明显的返青期。返青期小麦生长的主要矛盾是低温，因此应采取保墒提高地温的措施进行管理，一般不要灌水，以防止灌后降低地温，不利于小麦生长，在北方冬麦区尤为重要。

拔节是小麦节间伸长的现象和过程。节间伸长从下向上按一定顺序进行，相邻的节间有一段同时生长的时间。主茎基部第一个节间开始伸长即进入拔节期。全田有 50% 以上主茎第一节间伸长 1.5～2 厘米时，则表示进入拔节期。拔节的顺序和过程是当基部第一节间迅速伸长时，第二节间开始缓慢伸长，第三节间几乎不伸长；第一节间伸长完毕（固定长度），第二节间迅速伸长，第三节间开始缓慢伸长，第四节间几乎不伸长，余类推。从开始拔节到拔节基本结束抽出穗头，称为拔节期。拔节期是小麦营养生长和生殖生长并进、生长发育极其旺盛的时期，也是需要肥水的关键时期，因此生产中应根据土壤肥力和墒情加强管理，适时灌水施肥，促进小麦生长，争取穗多穗大。

24. 什么叫挑旗？什么叫孕穗？什么叫抽穗？

小麦茎秆最上一片叶叫旗叶，旗叶完全展开，称为挑旗，全田有 50% 以上植株旗叶展开时，即为挑旗期。小麦的挑旗期相当于内部穗分化的花粉母细胞形成四分体的前后。挑旗期过后,旗叶的叶鞘处明显膨胀,即为通常所说的孕穗(或打苞),全田有50%以上植株达到孕穗状态,即为孕穗期。小麦穗分化完成之后,穗部从旗叶叶鞘管中逐渐伸出的过程和状态,即为抽穗期。一般在全田10%植株抽穗时,称为始穗期;50%以上植株抽穗时,称为抽穗期;80%以上植株抽穗时,称为齐穗期。小麦一般在挑旗后10天左右即可抽穗,一般抽穗后4天左右即可开花,从挑旗至开花历时2周左右,这段时期是小麦产量形成的关键时期,对光照、温度、养分、水分的要求都很敏感,充足的光、温、水、肥对此期小麦生长发育至关重要,管理上应注意水肥的供应。

25. 什么是构成小麦产量的三要素?

构成小麦产量的三要素是指单位面积穗数、每穗粒数和千粒重。这三个因素也叫小麦的产量结构,三个要素的乘积就是小麦的单位面积产量。产量是三个要素相辅相成、合理协调的结果,哪个要素不足，都会严重影响产量。一般情况下，三要素有一定的制约性和协调性。例如单位面积穗数较多时，每穗粒数就会相应减少；同一个品种正常条件下单位面积穗数少时，穗粒数就多。不同品种往往单位面积穗数差异很大，有些大穗型品种，每亩穗数仅为 30 万左右，甚至更少，有些多穗型品种，可达 50 万以上。大穗型品种平均穗粒数可达 40 以上，多穗型品种一般穗粒数在 30 左右。千粒重可因品种及栽培条件有很大差异，有的大粒品种千粒重可达 50～60 克，一般中粒型品种千粒重在 40 克左右，有些小粒型品种在 35 克以下。同一品种，不同的地区种植，不同播期，不同土壤肥力，不同的施肥浇水措施，不同气候条件或不同的病虫发生及防治条件下，可使千粒重相差 10 克以上。产量是三要素优化协调的结果。

26. 小麦的穗有多大？每穗有多少小穗？有多少小花？能成多少粒？

小麦穗的大小因品种、栽培条件、管理措施不同有很大差异，特大穗型品种穗长可达 20 厘米以上，但生产上很少应用，一般只作品种资源利用，作为大穗亲本进行杂交育种（或其他方式的育种材料）。生产上的大穗型品种可达 10 厘米以上，一般品种多在 7～8 厘米长。一般生产上的大穗型品种每个穗上有 20 个以上的小穗，中穗型品种有 16～18 个小穗，肥水措施得当，群体合理，每穗上的可育小穗就多，否则不孕小穗就多，可育小穗就少。一个麦穗上中部小穗多数都是可育的，基部和顶部的小穗可能形成不孕小穗，是由于小花发育的不均衡性和外部条件的不满足而造成的，就一个小穗来说，中部小穗发育最早，依次为中上部和中下部小穗，顶部和基部小穗发育最晚。一般早发育的小穗容易结实，晚发育的小穗则容易退化或不结实，形成不孕小穗。一般主茎穗不孕小穗较少，分蘖穗不孕小穗较多，出生越晚的分蘖成穗后，不孕小穗越多。通常主茎穗的总小穗数和可育小穗都较多，分蘖的总小穗数和可育小穗数相对较少。

一般情况下，每个小穗可分化 6～8 朵小花，在穗分化期用显微镜观察时，主茎穗上可有 170 朵以上的小花，一般麦穗也都在 100 朵小花以上，但在进一步发育时，多数小花都退化了，最后仅有 30～40 朵小花发育完全，授粉后形成籽粒，还有的仅有十几粒甚至更少。就一个小穗来说，基部小花分化最早，发育健全，结实率高，上部小花发育晚，退化率高。一般生产上常见的是一个小穗 2～4 粒，中部小穗可达 4 粒（即常说的沟4），其余小穗一般为 2 粒（沟2），上部和基部小穗往往只有 1 粒或无粒。

生产上增加穗粒数的具体做法为：培育壮苗，促苗早发，创建合理的群体，拔节期重施肥水，促进小花分化，提高小花的结实率，增加粒数。此外，使个体发育健壮，分蘖发育均衡、整齐，减少小麦穗的比例，以提高整体的平均穗粒数。小花退化是植物长期进化形成的一种对条件的适应性，但通过肥水措施可以促进小花分化和可育小花发育，减少小花退化，最终增加粒数。

27. 小麦什么时候抽穗？籽粒发育有几个时期？

一般情况下，小麦挑旗（旗叶展开）后 10 天左右抽穗，抽穗后 3～4 天开花，开花受精以后，子房随即膨大，进入籽粒形成过程，一般开花后 3 天开始坐仁，也叫"坐脐"，经过 10 天左右，籽粒逐渐形成，长度可达到最大值的 3/4，称为多半仁，这期间籽粒的含水量急剧增加，含水率可达 80％左右，籽粒内的物质呈清浆状，干物质增加很少，千粒重只有 5 克左右。这就是籽粒形成阶段。这时期如果遇到严重干旱，或连阴雨、严重锈病感染等不良条件，坐脐后的籽粒甚至发育到多半仁时还可能退化，造成粒数减少。

多半仁以后进入籽粒灌浆阶段，整个过程历时 15～20 天。这时期的胚乳迅速积累淀粉，干物质急剧增加，含水量比较平稳。灌浆阶段包括乳熟期和乳熟末期。乳熟期历时 15 天左右，是粒重增加的主要时期。乳熟末期籽粒灌浆速度达到高峰，籽粒体积达到最大值，称为"顶满仓"，籽粒含水率下降到 45％左右，胚乳呈炼乳状。这时籽粒灌浆速度由快转慢，籽粒表皮颜色由灰绿转为绿黄色而有光泽。

成熟阶段包括糊熟期、蜡熟期和完熟期。糊熟期历时 3 天左右，籽粒含水率下降到 40％左右，体积开始缩小，胚乳呈面团状，籽粒表皮大部分变黄，只有腹沟和胚周围绿色。蜡熟期历时 3～4 天，籽粒颜色由黄绿色转变为黄色，籽粒含水量急剧下降，含水率 25%～35%，体积进一步缩小，胚乳变成蜡质状（故称蜡熟期），麦粒可被指甲掐断。蜡熟期的籽粒干重达到最高值，是最适宜的收获期。完熟期是籽粒迅速失水的过程，含水率下降到 20% 以下，这时再收获，常会出现粒重降低，影响产量（图 12）。

	坐 仁	多半 仁					顶满 仓		硬 仁	
开花后天数	3 6	9	12	15	18	21	24	27 30	33	
内含物质变化		清浆状					乳状	面团状	蜡状—变硬	
含水率变化		80%					45%	40% 25%	20%以下	
生育期	籽粒形成期		乳熟期				乳熟末期	糊熟期	蜡熟期 完熟期	
	子粒形成过程			灌浆				成熟		

图 12 籽粒形成过程示意图

（引自中国农业科学院主编《小麦栽培理论与技术》第 104 页）

28. 影响籽粒灌浆的因素有哪些？

小麦籽粒正常灌浆需要适宜的温度、光照、水分和矿物质营养等外部环境条件和植株本身前期生长贮藏的营养物质，以及抽穗灌浆期植株光合作用所制造的有机物质。外部因素适宜，为植株健壮生长和后期制造光合产物提供了重要条件，植株生长健壮，为更好地利用外界条件打好基础。因此，影响籽粒灌浆的外部因素和内部因素是相辅相成的，只有两个因素都优越才能促进籽粒灌浆，形成穗大粒饱。

小麦籽粒中的干物质，一部分来自抽穗前贮存在茎秆、叶片和叶鞘中的有机物质，占20%～30%。抽穗以后，小麦茎秆、叶片、叶鞘、穗、茎等各绿色器官光合作用制造的营养物质主要输送到籽粒，占籽粒干物质的70%～80%。所以既要重视抽穗以前的管理，建造合理群体结构，使植株生长健壮，制造和贮存较多的有机营养物质，为籽粒灌浆打好基础；又要重视抽穗以后的管理，创造适宜的肥水条件，保护上部叶片，防止病虫害破坏叶片，延长叶片的功能期，使植株的绿色器官保持旺盛的光合能力，增加光合产物，促使籽粒灌浆饱满，增加粒重，提高产量。

小麦灌浆适宜的温度为20～22℃。温度过高、过低都会影响灌浆进程。有试验表明，在23～25℃

气温下，灌浆时间缩短5～8天，较早地停止了干物质积累而使千粒重降低。一般认为开花到成熟需要720～750℃的积温，灌浆到成熟期需要500～540℃的积温。在平均气温15～16℃的条件下，籽粒灌浆期延长，粒重也增加，但是如果温度降到12℃以下，就会使光合强度减弱，影响灌浆，而使粒重降低，因此灌浆期的温度过高或过低都是不利的。

光照是影响光合作用的重要因素。小麦灌浆期间需要天气晴朗，光照充足，才能使光合作用增强、光合产物增多、灌浆充足、粒重提高。如果这时期光照不足或连阴雨，都会影响光合作用，延缓籽粒灌浆进程，减少干物质积累而降低粒重。

土壤水分和空气湿度在籽粒灌浆期间也很重要。保持适宜的土壤水分，可以增强光合物质积累的强度，这是提高粒重的重要条件之一。最适合籽粒灌浆的土壤含水量为田间最大持水量的70％～75％，如果低于50％，在籽粒形成期前后，会使籽粒退化，在乳熟期前后，会使籽粒秕瘦。适于小麦籽粒灌浆的空气相对湿度为60％～80％，湿度过大或过小，都不利于养分的运输和干物质的积累。我国北方冬麦区在小麦灌浆到成熟期常有干热风危害，及时浇水调节土壤水分和空气湿度，是保根护叶、减轻干热风危害的重要措施。

小麦籽粒灌浆期保持一定的氮素营养水平，能延长植株绿色器官的功能期，保证正常的光合作用，增加粒重，提高产量，同时又能提高籽粒蛋白质含量，改善品质。所以对于缺氮的麦田，后期施用适量氮肥或叶面喷施少量氮肥都是有益的。但不要施氮过多，以免引起贪青晚熟，降低粒重。磷、钾元素可以促进碳水化合物和氮素化合物的转化，有利于籽粒灌浆成熟。对磷、钾肥不足的麦田，后期适量喷施磷酸二氢钾有一定的增产作用。

29. 什么叫小麦的生物产量、经济产量和经济系数？

小麦的生物产量是指在单位面积土地上所收获的所有干物质的重量，包括小麦的秸秆和籽粒的干重，一般不包括地下根系。生物产量是茎叶光合作用的产物不断运输、贮存、累积的结果，它体现某一品种小麦在一定栽培条件下的总生产力。

经济产量是指在单位面积土地上所收获的籽粒产量，在我国通常用每亩籽粒产量（千克）表示。国际上通用的是每公顷产多少千克或多少吨。经济产量是茎叶等光合器官的光合产物运输、贮存到籽粒的结果，它体现的是某一品种小麦在一定条件下的有效生产力。

经济系数是经济产量与生物产量的比值，例如某小麦丰产田经济产量每亩是 500 千克，生物产量为 1 100 千克，经济系数就是：500÷1 100＝0.45。从这一公式可以看出，经济产量是生物产量和经济系数的乘积。要想提高经济产量，就要从提高生物产量和经济系数两个方面考虑，而更重要的是采取措施提高经济系数，经济系数的大小与小麦品种特性有关，更与种植密度、肥水管理水平和病虫害的防治情况有关。一般小麦的经济系数在 0.3～0.45，高产田多在 0.4～0.45。目前肥水条件好的高产麦田多用矮秆品种，并且采用适当的肥水措施控制株高，尤其是控制基部节间的伸长，拔节后肥水促进，创建矮秆大穗的群体，从而提高经济系数，增加产量。

30. 对小麦种子有什么要求？播种前要做哪些处理？

用于做种子的小麦田收获前应在田间进行去杂去劣，以保证种子的纯度。收获时要单收、单晒、单贮，防止机械混杂，同时要进行种子精选，剔除病虫危害的籽粒和瘪小籽粒，清除杂草种子和杂质。有条件的可用种子精选机筛选，这种方法工效高，质量好。没有机选设备的，可用人工风选。但筛选质量不如机选。经过精选的种子，应晒干入库单独贮存，防止霉变和虫蚀。

播种前，应把种子进行再次晾晒，并做好发芽试验、药剂拌种或种子包衣等处理。

（1）**晒种** 播种前晒种能加速种子的后熟作用，增强种子的生活力，提高种子的发芽势和发芽率，使种子出苗整齐。一般在阳光较强的天气，晒1~2天就可以满足要求。

（2）**发芽试验** 在播种前应认真做好发芽试验，以确定种子的生活力，一般在种子公司可用发芽床、发芽器进行发芽试验。一般农户可用小盘或直接种在碗装的沙土里进行试验。具体做法为：在经过精选和晒种的种子中随机取出3组每组100粒种子，用温水浸泡，在培养皿或小盘上平铺滤纸，无滤纸的可用吸水卫生纸或草纸，用水浸湿，把已泡过的种子均匀摆在培养皿（盘子）里的滤纸上，每个培养皿放100粒种子，共做3次重复。浇上适量的水（以不淹没种子为宜），放在温暖通风的地方（最好20℃左右），并注意经常加水，保证种子吸水。第三天检查种子的发芽情况，当胚根达到种子的长度，幼芽达到种子长度的一半时为最低发芽标准。胚根或幼芽畸形的，有根无芽或有芽无根的，都不计入发芽种子内。3天内100粒种子发芽的百分数为发芽势，7天内100粒种子发芽的百分数为发芽率。其计算方法为：

$$发芽势(\%) = \frac{3天内发芽的种子数}{供试的种子数} \times 100\%$$

$$发芽率(\%) = \frac{（一般7天）全部发芽的种子数}{供试种子数} \times 100\%$$

另外，还有一个概念叫发芽日数，是指100粒供试种子中发芽种子的平均发芽日数。例如100粒种子中有25粒第二天发芽，35粒第三天发芽，15粒第四天发芽，10粒第五天发芽，5粒第六天发芽，5 粒第七天发芽。则这批种子的发芽势为 60％，发芽率为 95％；发芽日数＝[（25×2）+（35×3）+（15×4）+（10×5）+（5×6）+（5×7）]÷95＝3.5 天。把 3 次重复的数据平均，就是这批种子的发芽势、发芽率和发芽日数。一般认为种子的发芽势强、发芽率高、发芽日数短的种子出苗快，出苗齐，麦苗壮。通常生产上要求种子发芽率在 90％以上，低于 80％的种子一般不宜做种用，如果没有替代的种子，就应适当加大播种量。

（3）**拌种和包衣** 药剂拌种可以防止病虫危害，如对于有黑穗病的种子，播前可用多菌灵拌种，防止地下害虫可用 40％的乐果乳剂或其他高效低毒杀虫剂拌种。从种子公司购买的种子，应进行种子包衣，包衣剂可以根据需要适当配合肥料、药剂或植物生长调节剂。

31. 什么叫小麦基本苗和播种量？怎样确定小麦的播种量？

小麦的基本苗是指单位面积土地上（通常以

亩计）播下的种子所长出的苗数，播种量是指单位面积土地上所播下的种子数或重量（一般用种子重量表示）。播种量是在计划基本苗数确定之后，根据所用品种的千粒重、发芽率和田间出苗率计算出来的。具体计算公式：

（1）每亩播种量（千克）＝每亩计划的基本苗数/每千克籽粒数×发芽率×田间出苗率

或

（2）每亩播种量（千克）＝每亩计划的基本苗数×千粒重（克)/1 000×1 000×发芽率×田间出苗率

或

（3）每亩播种量（千克）＝每亩计划的基本苗数（万）×千粒重（克）×0.01/发芽率×田间出苗率

田间出苗率是指具有发芽能力的种子播到田间后出苗的百分数。试验中的田间出苗率是一个经验数据，由于土壤墒情、质地、整地情况、播种质量等因素的影响，田间出苗率会有一定差异。一般播种质量好的田间出苗率可在80%以上；有些田块整地质量差、坷垃多、土壤墒情差或土壤过湿，都可能使田间出苗率下降到 60%～70%，甚至更低。因此，播期正常，墒情合适，整地质量较好时，一般田间出苗率按 80% 计算。

例如，在黄淮冬麦区的高产田，正常播期墒情好，整地质量好的，计划基本苗为 12 万；种子千粒重为 40 克，发芽率为 95%，每亩的播种量可按（2）式计算：

$$每亩播种量＝120\ 000×40/1\ 000×1\ 000×$$
$$0.95×0.80＝6.3\ （千克）$$

也可按（3）式计算：

$$每亩播种量＝12×40×0.01/0.95×0.80$$
$$＝6.3\ （千克）$$

实际应用（3）式更为方便。

此外，播种量的确定要根据品种分蘖特性、播期早晚、土壤质地、肥力和生态区域等条件综合分析，然后确定基本苗，再计算播种量，一般分蘖力强的多穗型品种基本苗要少些，分蘖力差的品种基本苗要多些。高产田基本苗宜少，而低产田、旱地基本苗要多些。正常播期基本苗要少些，播期推迟基本苗要适当增加。例如在黄淮冬麦区高产田，适期播种多穗型品种，每亩基本苗可在 12 万左右，在北部冬麦区高产田适期播种的多穗型品种，基本苗可在 12 万～20 万。晚播麦可根据推迟的时间适当增加，可增加到 25 万～30 万，一般最多不超过 35 万。

32. 小麦的适宜播种期如何确定？

适期播种可充分利用自然光热资源，是实现全苗、壮苗、夺取高产的一个重要环节。播种早了苗期温度较高，麦苗生长发育快，冬前长势过旺，不仅消耗过多的养分，而且分蘖积累糖分少，抗寒力弱，容易遭受冻害，同时早播的旺苗还容易感病。播种过晚，由于温度低，幼苗细弱，出苗慢、分蘖少（甚至无分蘖），发育推迟，成熟偏晚，穗小粒轻，造成减产。适期播种，可以充分利用秋末冬初的一段生长季节，使出苗整齐，生长健壮，分蘖较多，根系发育好，越冬前分蘖节能积累较多的营养物质，为小麦安全越冬、提高分蘖成穗率和壮秆大穗打好基础。

什么是适宜播种期呢？适期播种的原则是小

麦出苗整齐，出苗后有合适的积温，使麦苗在越冬前能形成壮苗。怎样确定适宜播种期呢？播期与温度密切相关。一般小麦种子在土壤墒情适宜时，播种到萌发需要 50 ℃的积温，以后胚芽鞘相继而出，胚芽鞘每伸长 1 厘米，约需 10 ℃，当胚芽鞘露出地面 2 厘米时为出苗的标准，如果播深 4 厘米，种子从播种到出苗一共需要积温约为（50 ℃＋4×10 ℃＋2×10 ℃）＝110 ℃，如果播深 3 厘米则出苗需要积温 100 ℃。在正常情况下，冬前主茎每长一片叶平均需 70～80 ℃的积温，按冬前长 6～7 叶为壮苗的叶龄指标，需要 420～560 ℃积温。加上出苗所需要的积温，形成壮苗所需要的冬前积温为 530～670 ℃，平均在 600 ℃左右，按照常年的积温计算，冬前能达到这一积温的日期就是播种适期。如在北部冬麦区秋分播种均为适期，在黄淮冬麦区秋分至寒露初为适期，各地应根据当地的气温条件来确定。一般冬性品种掌握在日平均气温 17 ℃左右时就是播种适期，半冬性品种可掌握在 15～17 ℃，春性品种为 13～15 ℃。一般冬性品种可适期早播，半冬性、偏春性品种依次晚播。总之，根据有效积温确定适宜播期，还要考虑土壤质地、肥力等栽培条件，进行适当调整。

33. 小麦播种的适宜墒情是多少？

小麦播种时的土壤墒情对于小麦出苗和苗期生长十分重要，足墒下种是实现麦苗齐、全、壮的重要措施之一。农谚说："伏里有雨好种麦""麦收隔年墒"，都体现了底墒充足对小麦生产的重要性。土壤墒情好，才能使小麦种子迅速吸水、膨胀、萌发。小麦种子萌发和出苗阶段除了温度，土壤水分是最重要的因素之一。小麦种子入土后只有吸收到种子干重 50% 左右的水分，才能萌发出苗；如果水分不足，种子发芽出苗缓慢，而且分蘖晚，或出现分蘖缺位，形成弱苗；过于干旱则不能正常出苗，形成缺苗断垄。

有试验结果表明，浇足底墒水，有显著增产作用。尤其在黄淮麦区和北部冬麦区小麦底墒比南方麦区（主要是稻茬麦区）更为重要。底墒不仅影响小麦出苗和苗期生长，而且对小麦一生都有重要影响。一般认为土壤耕层足墒的标准是：

壤土地土壤含水量 17%～18%，沙土地 16% 左右，黏土地 20% 左右。低于上述指标，就应浇底墒水。北方冬麦区多数年份秋旱严重，小麦播种时土壤墒情达不到上述指标，都需要浇水造墒。南方冬麦区应根据实际情况决定是否需要浇水造墒。一般稻茬麦区多数情况下墒情不缺水，而是要排水。对于一些腾茬整地时间紧，或其他原因来不及造墒而抢墒播种的麦田，播种后不能正常出苗，就要浇蒙头水，以保证种子出苗所需的土壤水分供应。但浇水后容易造成土壤板结、通气不良，使麦苗生长受到影响，因此要随播随浇，水要浇足，并在适耕时及时中耕松土，以保证正常出苗和苗期生长。在可能的条件下，应尽量避免浇蒙头水，千方百计于播前浇好底墒水，保证足墒播种。

34. 小麦的播种深度多少合适？

小麦的播种深度对种子出苗及出苗后的生长都有重要影响。根据试验研究和生产实践，在土壤墒情适宜的条件下适期播种，播种深度一般以

3～5厘米为宜。底墒充足、地力较差和播种偏晚的地块，播种深度以3厘米左右为宜；墒情较差、地力较肥的地块以4～5厘米为宜。

小麦种子播种过浅（不足2厘米），种子容易落干，影响发芽，造成缺苗断垄，同时造成分蘖节过浅或裸露，不耐旱，不抗冻，遇到干旱就会影响分蘖和次生根正常发育，不容易形成壮苗，越冬期间容易遭受冻害死苗，不利于安全越冬。但南方稻茬撒播小麦，虽然分蘖节较浅或在土表，由于无冻害和干旱威胁，也可获得高产。播种过深（超过6厘米）会使幼苗在出土过程中经历的时间延长，消耗的养分过多，使幼苗细弱，叶片瘦长，分蘖少而小，造成分蘖缺位，甚至无分蘖；如果播种深度超过8厘米，常会出现在幼芽出土过程中胚乳的养分消耗过大或用尽而不出苗，幼芽憋死在土里，造成缺苗，或者能勉强出土，形成又细又弱的小苗，逐渐死亡。因此，播种深度对于幼苗生长发育极为重要，各地应根据实际情况掌握适宜的播种深度，以促进出苗整齐，根系发达，分蘖健壮，形成冬前壮苗（图13）。

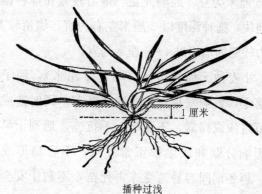

播种过浅

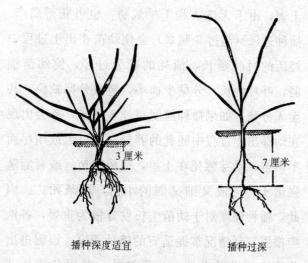

播种深度适宜　　　　　　　播种过深

图 13　播种深度与幼苗生长情况

（引自中国农业科学院主编《小麦栽培理论与技术》第 277 页）

35. 哪些因素影响小麦分蘖?

麦苗分蘖的多少与品种特性、生长条件和栽培措施有重要关系。影响分蘖的主要因素有:

(1) **品种** 不同类型的品种分蘖力有很大差异。冬性品种的春化时间长,从开始分蘖到分蘖终止期所经历的时间也长,主茎生长的叶片数多,分蘖量也多,分蘖力强。春性品种的春化时间短,分化的叶片数少,分蘖数目也少,分蘖能力弱。半冬性品种的分蘖能力介于冬性品种和春性品种之间。同一类型的品种,冬性越强分蘖能力越强,春性越强分蘖能力越弱。生产上常用的多穗型品种分蘖能力较强,大穗型品种分蘖能力较弱。

(2) **温度** 温度是影响分蘖发生的重要条件,一般分蘖发生的最适宜温度是 13~18 ℃,2~4 ℃时分蘖缓慢,低于 0 ℃时分蘖停止生长,高于 18 ℃分蘖也受到抑制。生产实践证明,冬前温度高,冬小麦单株分蘖就多;秋寒年份分蘖较少,而且苗弱;过晚播种,由于温度低,容易形成无分蘖的独秆弱苗。

（3）**土壤水分** 最适合分蘖发生和生长的土壤水分为田间持水量的 $70\% \sim 80\%$，低于这一指标时，影响分蘖生长，过于干旱则不能产生分蘖或出现分蘖缺位。所以一般水浇地小麦的分蘖多，但土壤水分过多，超过田间持水量的 80% 时，由于土壤通气不良，缺少氧气，影响分蘖正常发生和生长，也会造成黄弱苗。

（4）**土壤养分** 小麦分蘖的生长发育需要大量的可溶性氮素和磷酸，所以苗期单株营养面积合理，土壤养分充足，尤其是氮磷肥配合施用做底肥，对促进分蘖发生和生长发育有重要作用，并有利于形成壮苗。在生产上，常常通过调节水肥，实现促进或控制分蘖的目标。

（5）**播种期、播种密度和播种深度** 播种期对分蘖的影响主要是温度，播期适宜，温度合适，对分蘖发生和生长有利。早播，温度过高不利于分蘖生长，还容易造成幼苗徒长，易感染病害。晚播，温度降低也影响分蘖发生和生长。播种密度过大，植株拥挤，单株所占营养面积小，发育不良，不利于分蘖。播种过深，幼苗出土时消耗养分过多，出土后幼苗细弱，植株分蘖显著减少，播深超过 5 厘米时，分蘖就会受到抑制，超过 7 厘米时，幼苗明显细弱，很难发生分蘖，或者分蘖晚、少、小，不能成穗。因此，生产中掌握合适的播种深度是培育多蘖壮苗的重要措施。

36. 分蘖有什么动态变化？

冬小麦在整个生育期中有两个分蘖盛期：一个是在冬前，分蘖数占分蘖总数的 70％～80％；另一个在春季返青以后至起身期，这时的分蘖占分蘖总数的 20％～30％。春小麦只有一次分蘖高峰，从主茎第一个分蘖开始一直到起身期。冬小麦适期早播的麦田，冬前分蘖的比例增加，晚播的麦田，春季分蘖的比例增加。一般高产冬小麦，在冬前分蘖较多的情况下，应严格控制春季分蘖，降低春季分蘖的比例，创建合理的群体，提高成穗率。

在北部冬麦区，适期播种的高产麦田，冬前总茎数（包括主茎和分蘖）每亩可达 80 万～90 万，春季最高总茎数可达 100 万以上。有些播种稍早、肥力较高的麦田冬前总茎数可超过 100

万，春季总茎数可达 150 万以上。一般麦田到拔节前期，总茎数达到最高峰，但这些分蘖并不能都成穗。从拔节期小麦分蘖开始进行两极分化，一直到抽穗期两极分化基本结束，在两极分化时期，一般主茎和大蘖占有优势，是单株小麦水分和养分的输送中心和生长中心。小蘖由于营养不足，生长开始落后，并逐渐停止生长，相继死亡。此时分蘖明显地向有效和无效两极分化，一般出生越晚的小分蘖死亡越早。到孕穗期，中等的分蘖也陆续死亡，一直到抽穗以后，有效分蘖和田间总茎数才基本稳定。为了便于掌握和生产上应用，通常可把分蘖的两极分化过程分为前期（表现为主茎和较大分蘖与较小分蘖之间生长的差距加大）、中期（表现为中等分蘖之间的生长差距加大）和后期（表现为生长势明显变弱，并停止生长的分蘖逐渐枯萎死亡，而已经拔节的主茎和大蘖开始抽穗）。在北方冬麦区，两极分化前期在返青以后到起身期前后，中期在起身到拔节，后期在拔节到抽穗期。南方冬麦区和北方春麦区，两极分化的过程较短，没有明显的起身期，两极分化的前期在第一节间开始伸长之前，中期从此时

到拔节期，后期从拔节期到抽穗期。小麦的品种
特性、生态环境和栽培措施对小麦分蘖的两极分
化有很大影响，生产上可以利用肥水措施来调控
分蘖的两极分化，建立合理的群体结构。

37. 什么叫优势蘖组？怎样合理利用优势蘖组？

优势蘖组是指在形态生理指标和成穗率及穗
粒重等方面都占有明显优势的包括主茎在内的一
群茎蘖。试验和生产实践证明，在肥水条件较好
的高产、超高产栽培中，选用多穗型品种时，主
茎和 1 级分蘖的 1、2、3 蘖与其他分蘖有显著的差
异，其多种性状明显优于其他分蘖，而这一组内
的主要性状无显著差别，因此把主茎、1 蘖、2 蘖
和 3 蘖称为优势蘖，这一群茎蘖称为优势蘖组
（图 14）。

例如：试验表明，基本苗在每亩为 7.5 万、
12 万、20 万和 30 万的条件下，主茎在一般情况
下都能 100％成穗，分蘖的成穗率则随基本苗的不
同而变化。同一蘖位的分蘖，在基本苗少时，成

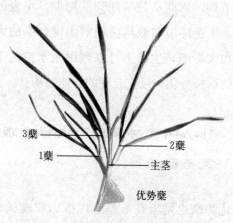

图 14 小麦优势蘖示意图

穗率较高，反之则低。在不同基本苗条件下，都表现为随蘖位增高而成穗率递减。在基本苗每亩为 12 万时，主茎的成穗率为 100％，1 蘖的成穗率为 99.6％，2 蘖的成穗率为 91.7％，3 蘖的成穗率为 81.0％，1N－1 蘖的成穗率为 43.2％。在基本苗为 7.5 万时，主茎的成穗率为 100％，1 蘖的成穗率为 99.6％，2 蘖的成穗率为 99.6％，3 蘖的成穗率为 98.9％，1N－1 蘖的成穗率为 54.3％，4蘖成穗率为 57.4％，2N－1 蘖的成穗率为 47.1％，1N－2 蘖的成穗率为 32.9％。可以看出，主茎和1、2、3 蘖的成穗率明显高于其他分蘖，尤其在

7.5 万基本苗时，主茎和 1、2、3 蘖成穗率都在 98％以上，与其他 4 个分蘖明显分为 2 个不同的蘖群。从单茎的经济系数分析，也表现为主茎和 1、2、3 蘖明显优于其他分蘖。因此，根据多种性状分析，把主茎和 1、2、3 蘖称为优势蘖组，而把 1N-1 蘖及其以后出生的分蘖称为非优势蘖组或（相对）劣势蘖组。

根据笔者的试验结果，主茎和低位蘖在多种性状上有较大优势，因而适当利用主茎和低位蘖是合理的。在适期播种的高产田中，过多利用主茎成穗势必需要较多的基本苗，而基本苗过多又容易导致群体过大，造成田间郁蔽，个体发育不良，基部节间较长，茎秆细弱，容易引起倒伏，不利于高产；过少的基本苗，可以多利用分蘖成穗，但不容易达到理想的穗数，不能实现高产。经过试验表明，适期播种的高产田基本苗以每亩 12 万左右较为合适，其成穗数可达 45 万左右，最大群体在 100 万以下，在正常年份其倒伏的危险较小，容易获得高产。从分蘖的利用情况看，主要是利用了主茎和 1、2、3 蘖成穗，也就是充分利用了优势蘖组。

38. 什么是肥料三要素？对小麦生长发育有哪些影响？

小麦生长发育所必需的营养元素有碳、氢、氧、氮、磷、钾、钙、镁、硫等和微量元素铁、锰、硼、锌、铜、钼等，其中碳、氢、氧三元素占小麦干物质的 95% 左右，因其在空气和水中大量存在，可直接吸收利用，一般不缺乏。其他元素则主要通过根系从土壤中吸收，虽然只占小麦干物质的 5% 左右，但对小麦生长发育有重要影响。由于氮、磷、钾的需要量较大，而且有着重要生理作用，故称作肥料三要素。

肥料三要素对小麦生长发育所起的作用各不相同，不能互相代替，缺少某一种或配合失调，都会使小麦生长受到影响。氮是氨基酸、蛋白质、酶、核酸及其他含氮物质的组成部分，是构成小麦细胞原生质的主要成分。氮素肥料能促进小麦分蘖和根、茎、叶生长，增加绿色面积和叶绿素含量，加强光合作用。施氮肥后最明显的变化就是叶片绿色加深。与磷肥配合施用，在分蘖期可促进分蘖，在幼穗分化期可增加小穗和小花数，提高结实率。生育后期保持适当的氮素营养，可提高粒重和改善籽粒品质。氮素营养合理，则小麦植株健壮，生长良好；氮素缺乏，则叶片发黄，植株生长受到抑制，茎叶细小，分枝少，产量低；氮素过量，易造成生长过旺，植株徒长，引起倒伏，成熟期延迟，同时增加成本，造成浪费。

磷是核苷酸、核酸、磷脂的组成成分，不仅是小麦细胞核的重要成分，还直接参与呼吸和光合作用，并参与碳水化合物的合成、分解和运转过程。磷素充足，有利于小麦分蘖、生根、穗发育及籽粒灌浆，可促进成熟，增加粒重。在冬季寒冷的地区，适当增施磷肥还可以增强小麦安全越冬能力；磷素不足时，根系发育受到抑制，分蘖减少，叶色暗绿，无光泽；严重缺磷时，叶色发紫，光合作用减弱，抽穗开花期延迟，籽粒灌浆不正常，千粒重降低，品质不良，影响产量。

钾不参与植物体内有机分子的组成，但它是许多酶的活化剂，另外，对气孔的开放是必需的。钾能促进碳水化合物的形成与转化，使叶中的糖分向正在生长的器官输送。钾能增强小麦抵抗低温、高温和干旱的能力。钾还可以促进维管束的发育，使茎秆坚韧，提高抗倒伏的能力。钾素不足时，小麦植株生长延迟，茎秆变矮而脆弱，机械组织、输导组织发育不良，容易倒伏；抗旱和抗寒能力减弱；分蘖力和光合作用都受到限制；叶片失绿，出现大、小斑点坏死组织，下部叶片提早干枯；根系生长不良，抽穗和成熟期显著提前，穗少粒少，灌浆不足，产量降低，品质变劣。

肥料三要素对小麦生长发育的作用不是彼此孤立的，而是相互联系和相互作用的，磷可以促进对氮和其他养分的吸收，钾也可以促进氮、磷的转化，只有氮、磷、钾三要素以及其他必需营养元素适当配合，才能发挥更大的肥效。

39. 小麦引种应注意哪些问题？

小麦引种在生产实践中具有重要意义，它不仅可以在生产中直接发挥作用，也可以通过变异个体的系统选育培育新品种，还可以通过引种为育种工作者提供种质资源。但生产中如果引种不当，常常会出现生态条件不适应，引起抗寒性不过关、成熟期过晚、植株过高、病害严重等问题，给生产带来损失。例如有些半冬性品种引种到北部冬麦区，植株往往出现不能安全越冬的现象，造成大量死苗。冬性品种引种到适宜半冬性小麦生长的地区，往往造成植株增高，易倒伏，贪青晚熟。因此，生产上引种时应注意以下几点：

① 根据本地区生态条件对品种性状的要求，到生态条件相似的地区引种容易获得成功。一般从纬度、海拔高度、气候特点、肥水条件以及冬季气温等条件相近的地区引种。

② 加强检疫工作，防止病虫害蔓延。特别是一些检疫性病害，如小麦黑穗病、线虫病、全蚀病等，应严格检疫，防止扩散。

③ 对引进品种要进行试验、示范，经过小面积试验和适当规模示范成功的品种，方可在本地大面积种植，切不可盲目一次大量引进没有经过试验示范的品种。

40. 什么是干热风？对小麦有哪些影响？如何防御？

干热风亦称"干旱风"，习称"火南风"或

"火风"，是农业气象灾害之一。干热风是出现在温暖季节，导致小麦乳熟期受害的一种干而热的风。干热风对小麦产量影响较大，轻则减产 5％左右，重则减产 10％～20％。

出现干热风时，温度显著升高，湿度显著下降，并伴有一定风力，蒸腾加剧，根系吸水能力下降，光合强度降低，干物质积累提前结束，灌浆时期缩短，往往导致小麦灌浆不足，秕粒严重，甚至枯萎死亡。高温还可使籽粒呼吸作用加强，消耗增加，积累减少，造成粒重进一步降低。我国的北部冬麦区和黄淮冬麦区小麦灌浆期间受干热风危害的频率较高，其他麦区也有不同程度的干热风出现。干热风危害一般分为高温低湿、雨后青枯和旱风 3 种类型，以高温危害为主。

高温低湿型干热风危害的气象指标：日最高气温≥32 ℃，14 时相对湿度≤30％，14 时风速≥3 米/秒，为轻干热风；日最高气温≥35 ℃，14 时相对湿度≤25％，14 时风速≥3 米/秒，为重干热风。雨后青枯型干热风危害的气象指标：小麦成熟前 10 天内有一次小至中雨以上降水过程，雨后猛晴，温度骤升，3 天内有 1 天同时满足以下两项指标：最高气温≥30 ℃，14 时相对湿度≤40％，14 时风速≥3 米/秒。旱风型干热风危害的气象指标：最高气温≥25 ℃，14 时相对湿度≤25％，14 时风速≥14 米/秒。

防御措施：营造防护林带，搞好农田水利建设以便在干热风来临之前及时灌溉（浇灌、喷灌），保证适宜的土壤墒情，喷施化学药剂，进行"一喷三防"（防病、防虫、防干热风）等。另外，选择适宜品种，避免种植熟期过晚的品种，可躲过或减少干热风的危害。栽培管理上要防止后期水肥过剩，避免贪青晚熟，也可减少干热风的危害。

41. 什么是倒春寒？小麦早春发生冻害如何补救？

有些年份早春并没有明显的寒潮过境，气温比同期历年平均温度偏高，天气异常温暖。到了春末，发生多次寒潮来临，气温明显比前一个时期下降，这种现象就称为倒春寒。主要特点是春季前期气温偏高，后期气温偏低。前期冬小麦发

育快，如过早返青、起身、拔节，后期遇到寒潮
突袭，会因温度剧降而遭受冷害，甚至发生晚霜
冻害。近年来，受全球气候变暖的影响，小麦冬
前积温偏高，一些播种偏早的品种，生长发育过
快，有些地区小麦冬前出现拔节现象，抗寒能力
降低，遇到早春寒流袭击，容易出现冻害死苗。
如2008年早春发生的持续的特大暴风雪对我国部
分地区小麦产生较大影响，一些播种偏早的麦田，
冬前旺长，提前拔节，穗分化进程加快，抗寒能
力明显下降，造成冻害死苗、死茎或幼穗冻害
受损。

对于早春发生冻害的麦田，应加强肥水管理，
及时采取补救措施，要因苗施肥浇水。各地要因
天、因地、因苗开展小麦分类肥水管理，促弱苗
早发增蘖，稳壮苗，保蘖增穗，控旺苗稳长壮蘖，
力争促弱转壮、保壮健长。

小麦发生冻害后主要是主茎和大蘖受害最重，
小蘖受害较轻。春季应仔细观察小麦受冻情况，
对于部分主茎和大蘖已经死亡、小蘖仍然存活的
麦田，不要毁种，应在返青时及时追施化肥，促
进小蘖生长发育。每亩推荐追施尿素7.5~10千克，

缺磷的麦田可配合施用磷酸二铵或过磷酸钙，以促进根系生长。春季墒情较好时，肥料可开沟施入，缺墒时可随水施肥。拔节期每亩再追施尿素10千克，以促进分蘖成穗结实。对于冻害较轻、主茎和大蘖绝大多数存活的麦田，可按正常管理，早春加强中耕，保温提墒，促苗稳长。对于一般仅叶片受冻、生长基本正常的中高产麦田，返青期控水省肥，拔节期肥水促进，每亩随灌水追施尿素20千克左右，以促穗增粒、提高粒重。

42. 什么是小麦渍害？怎样预防和减轻渍害？

小麦渍害也叫湿害，多发生在排水不良的低洼麦田，因小麦生长期间降水过多，土壤湿度大，土壤空气不足，导致小麦根系呼吸和吸收活动受阻，同时在缺氧条件下，好气性细菌受抑制造成速效养分减少，土壤中大量还原性有毒物质积累使根系受害，进而严重影响小麦正常生长发育，轻则黄叶不长，重则烂根死亡。

我国南方大部分麦区，尤其是长江中下游冬

麦区，小麦生长期间多雨，易发生渍害。北方冬麦区的一些低洼麦田，遇到多雨年份也可能发生渍害。

预防和减轻渍害的主要措施是搞好排水设施，降低地下水位。特别是在南方容易发生渍害的麦区，播种时就要挖好"三沟"，即厢沟、围沟、腰沟。以保证随时可以降低地下水位，使小麦生长在正常的土壤水分环境中。小麦生长期间特别是降水后，要及时清理麦田三沟，做到沟沟相通、排水通畅，保证雨停田间无积水，降低田间湿度，改善土壤通气条件，使小麦免受渍害。已经发生渍害的麦田，要及时排水降渍，减轻渍害影响。

43. 晒种有什么作用？

收获后入库前晒种，可以降低种子含水量，使种子呼吸作用减弱，减少养分消耗，晒种后趁热入库，还可以促进种子后熟，防虫、防霉。一般小麦收获入库后进入雨季，空气湿度大，应经常检查种子仓库，防止种子回潮发霉和生虫，可选择晴天上午 9～10 时晒种，下午 3～4 时将种子趁热入仓，高温可以杀死种子内的害虫。小麦在播种前晒种可以增强种子生活力，提高发芽势和发芽率。晒种以后种皮干燥，透气性改善，播种后吸水膨胀快，可提高种子发芽速度和发芽率。

44. 什么是穗发芽？怎样预防穗发芽？

小麦穗发芽是指在小麦收获前在麦穗上出现发芽的现象（图15）。小麦成熟期如果遇连阴雨，不能及时收获，常出现部分受潮的麦粒在麦穗上发芽，严重影响产量和食用品质；若种子田出现穗发芽现象，则会影响秋播时种子发芽率和田间出苗率，给下茬小麦生产带来不利影响。例如2008年北方冬麦区小麦收获期降雨较多，造成一些品种出现了较重的穗发芽现象，个别品种秋播小麦种子的发芽率和出苗率受到严重影响，因此小麦穗发芽问题应引起重视。小麦籽粒成熟时虽有一定的休眠期，但还有一部分种子休眠性很弱，遇雨后种子吸水膨胀，同时温度适宜，因而萌动发芽。休眠期较短的白皮品种或有些红皮品种成熟期遇雨不能收获，籽粒在田间通过休眠期，更容易出现穗发芽。

图 15　小麦穗发芽

预防穗发芽首先要选用抗穗发芽的品种或成熟不过晚的品种；其次要密切注意天气预报，尽量避开降雨，及时收获，收获后及时晾晒，避免籽粒在场院发芽。

第二讲
优质专用小麦生产基本知识

45. 什么叫优质专用小麦？

在我国，优质专用小麦是随着市场变化而出现的一个阶段性的概念。优质是相对劣质而言，专用是相对普通而言。在过去几十年中，我国人民生活水平处于温饱状态，小麦生产中强调以高产为主，而忽略了对品质的要求。随着社会经济的发展，人们生活水平不断提高，对食品多样性、营养性提出了更高的要求，出现了各种高档的面包、饼干、饺子和方便面等名目繁多的食品，过去大众化的"标准粉"已不适合制作这些高档的专用食品，专用面粉的生产已成为市场的需要。为了生产不同类型的面粉，对原料小麦提出了具体的要求，因而提出了"优质专用小麦"这一概念。

特定的面食制品需要专用的小麦面粉制作，

而专用的小麦粉需要一定类型的小麦来加工，适合加工和制作某种食品和专用粉的小麦，对这种食品和面粉来说，就是优质专用小麦。

46. 我国优质专用小麦是怎样分区的？

我国小麦种植地域广阔，生态类型复杂，不同地区间小麦品质存在较大的差异，这种差异不仅由品种本身的遗传特性所决定，而且受气候、土壤、耕作制度、栽培措施等环境条件以及品种与环境相互作用的影响。品质区划就是依据生态条件和品种的品质表现将小麦产区划分为若干不同的品质类型区，以充分利用自然资源优势和品种的遗传潜力，实现优质小麦高效生产。

庄巧生等人经过多年研究，初步提出我国小麦品质区划方案，把我国小麦产区划分为 3 个不同类型专用品质的麦区。

(1) 北方强筋、中筋冬麦区 主要包括北京、天津、山东、河北、河南、山西、陕西大部、甘肃东部以及江苏、安徽北部等地区，适宜发展白粒强筋和中筋小麦。本区可划分为以下 3 个亚区：

① 华北北部强筋麦区。主要包括北京、天津、山西中部、河北中部及东北部地区。本区适宜发展强筋小麦。

② 黄淮北部强筋、中筋麦区。主要包括河北南部、河南北部和山东中北部、山西南部、陕西北部和甘肃东部等地区。该区土层深厚、土壤肥沃的地区适宜发展强筋小麦，其他地区如胶东半岛等适宜发展中筋小麦。

③ 黄淮南部中筋麦区。主要包括河南中部、山东南部、江苏北部、安徽北部、陕西关中、甘肃天水等地区。本区以发展中筋小麦为主，肥力较高的砂姜黑土和潮土地带可发展强筋小麦，沿河冲积沙壤土地区可发展白粒弱筋小麦。

(2) 南方中筋、弱筋冬麦区 主要包括四川、云南、贵州南部、河南南部、江苏和安徽淮河以南、湖北等地区。本区可划分为以下 3 个亚区：

① 长江中下游中筋、弱筋麦区。包括江苏和安徽两省淮河以南、湖北大部以及河南省南部地区。本区大部分地区适宜发展中筋小麦，沿江及沿海沙土地区可发展弱筋小麦。

② 四川盆地中筋、弱筋麦区。包括盆西平原和丘陵山地。本区大部分地区适宜发展中筋小麦，部分地区也可发展弱筋小麦。

③ 云贵高原麦区。包括四川省西南部、贵州全省以及云南省大部分地区。本区应以发展中筋小麦为主，也可发展弱筋或部分强筋小麦。

(3) 中筋、强筋春麦区 主要包括黑龙江、辽宁、吉林、内蒙古、宁夏、甘肃、青海、新疆和西藏等地区。本区可划分为以下 4 个亚区：

① 东北强筋春麦区。主要包括黑龙江北部和东部、内蒙古大兴安岭等地区。本区适宜发展红粒强筋或中强筋小麦。

② 北部中筋春麦区。主要包括内蒙古东部、辽河平原、吉林西北部、河北、山西、陕西等春麦区。本区适宜发展红粒中筋小麦。

③ 西北强筋、中筋春麦区。主要包括甘肃中西部、宁夏全部以及新疆麦区。其中河西走廊适宜发展白粒强筋小麦；银宁灌区适宜发展红粒中筋小麦；陇中和宁夏西海固地区适宜发展红粒中筋小麦；新疆麦区在肥力较高地区适宜发展强筋白粒小麦，其他地区可发展中筋白粒小麦。

④ 青藏高原春麦区。该区海拔高，光照足，昼夜温差大，空气湿度小，小麦灌浆期长，产量水平较高。通过品种改良，适宜发展红粒中筋小麦。

47. 小麦的品质主要包括哪些内容？

小麦品质是一个极其复杂的综合概念，包括许多性状，概括起来有形态品质、营养品质和加工品质，彼此之间相互交叉，密切关联。

形态品质包括籽粒形态、整齐度、饱满度、粒色和胚乳质地等。这些性状不仅直接影响商品价值，而且与加工品质和营养品质也有一定关系。一般籽粒形状有长圆形、卵圆形、椭圆形和圆形等，以长圆形和卵圆形居多，其中圆形和卵圆形籽粒表面积小，容重高，出粉率高。籽粒腹沟的形状和深浅也是衡量籽粒形态品质的重要指标，一般腹沟较浅的籽粒饱满，容重和出粉率较高，腹沟深的则容重和出粉率较低。籽粒的颜色主要分为红、白两种，还有琥珀色、黄色、红黄色等过渡色。一般认为皮层为白色、乳白色或黄白色的麦粒达到 90％ 以上的，为白皮小麦；深红色、红褐色麦粒达到 90％ 以上的，为红皮小麦。小麦籽粒颜色与营养品质和加工品质没有必然的联系。一般而言，白皮小麦因加工的面粉麸星颜色浅、面粉颜色较白而受到面粉加工业和消费者的欢迎。红皮小麦籽粒休眠期长，抗穗发芽能力较强，因而在生产中也有重要意义。整齐度是指小麦籽粒大小和形状的一致性，同样形状和大小的籽粒占总量 90％ 以上的为整齐，一般籽粒整齐度好的出粉率较高。饱满度一般用腹沟深浅、容重和千粒重来衡量，腹沟浅、容重和千粒重大的小麦籽粒饱满，出粉率也较高。一般用目测法将成熟干燥的种子按饱满度分为 5 级。一级：胚乳充实，种皮光滑；二级：胚乳充实，种皮略有皱褶；三级：胚乳充实，种皮皱褶明显；四级：胚乳明显不充实，种皮皱褶明显；五级：胚乳很不充实，种皮皱褶很明显。角质率主要由胚乳质地决定。角质又叫玻璃质，其胚乳结构紧密，呈半透明状；粉质胚乳结构疏松，呈石膏状。凡角质占籽粒横截面1/2以上的籽粒称为角质粒。含角质粒 70％ 以上的小麦称硬质小麦。硬质小麦的蛋白质和面筋含量较高，主要用于做面包等食品。角质特硬、面筋含量高的称为硬粒小麦，适宜做通心粉、意大利面条等食品。角质占籽粒横断面 1/2 以下（包括 1/2）的籽粒称为粉质粒。含粉质粒 70% 以上的小麦，称为软质小麦。软质小麦适合做饼干、糕点等。

营养品质包括蛋白质、淀粉、脂肪、核酸、维生素、矿物质等。其中蛋白质又可分为清蛋白、球蛋白、醇溶蛋白和麦谷蛋白；淀粉又可分为直链淀粉和支链淀粉。

加工品质又可分为一次加工品质和二次加工品质。其中一次加工品质又称为制粉品质，包括出粉率、容重、籽粒硬度、面粉白度和灰分含量等。二次加工品质又称为食品制作品质，又分为面粉品质、面团品质、烘焙品质、蒸煮品质等多种性状。主要包括面筋含量、面筋质量、吸水率、面团形成时间、稳定时间、沉降值、软化度、评价值等多项指标。

48. 什么是强筋小麦、中强筋小麦、中筋小麦和弱筋小麦？

根据小麦的品质和用途，可以把小麦分为强

筋小麦、中强筋小麦、中筋小麦和弱筋小麦，为此国家专门制定了相应的品质标准。

强筋小麦：胚乳为硬质，小麦粉筋力强，适于制作面包或用于配麦。

中强筋小麦：胚乳为硬质，小麦粉筋力较强，适于制作方便面、饺子、面条、馒头等食品。

中筋小麦：胚乳为硬质，小麦粉筋力适中，适于制作饺子、面条、馒头等食品。

弱筋小麦：胚乳为软质，小麦粉筋力较弱，适于制作馒头、蛋糕、饼干等食品。

2013 年我国颁布了新的《小麦品种的品质分类》（GB/T 17320—2013），制定了新的小麦品种的品质指标（表 2），同时废止了 1998 年制定的《专用小麦品种品质》（GB/T 17320—1998）。

表 2　小麦品种的品质指标（GB/T 17320—2013）

项　目		指　标			
		强筋	中强筋	中筋	弱筋
籽粒	硬度指数	≥60	≥60	≥50	<50
	粗蛋白质（干基），%	≥14.0	≥13.0	≥12.5	<12.5

（续）

项 目	指 标			
	强筋	中强筋	中筋	弱筋
小麦粉 湿面筋含量（14%水分基），%	≥30	≥28	≥26	<26
沉淀值（Zeleny 法），毫升	≥40	≥35	≥30	<30
吸水量（以 100 克计），毫升	≥60	≥58	≥56	<56
稳定时间，分钟	≥8.0	≥6.0	≥3.0	<3.0
最大拉伸阻力，E.U.	≥350	≥300	≥200	—
能量，平方厘米	≥90	≥65	≥50	—

49. 什么叫面包专用、馒头专用、面条专用和糕点专用小麦？

这是按加工食品的种类对专用小麦的又一种分类，可以基本上与强筋、中筋、弱筋小麦相对应。面包是西方国家的主食，其种类繁多，如法式、澳式、日式、俄式、美式等，但基本可以分为主食面包和点心面包两大类。点心面包种类很多，对面粉质量要求有很大差异，无统一规定，仅有企业标准。主食面包对面粉质量要求较为严格，一般来讲面包专用粉是指适宜制作主食面包而言。优质面包专用小麦要求小麦蛋白质含量高，面筋质量好，沉降值高，面团稳定时间较长，面包评分较高，基本可以对应于强筋小麦的标准。

馒头专用小麦是指适合制作优质馒头的专用小麦。馒头是我国人民的主要传统食品，尤其受到北方人的喜爱，据统计，目前我国北方用于制作馒头的小麦粉占面粉用量的 70% 以上。我国北方大部分地区种植的小麦都能达到制作馒头所需的小麦粉的质量要求。馒头专用小麦一般需要中等筋力，面团具有一定的弹性和延伸性，稳定时间在 3~5 分钟，形成时间以短些为好，灰分低于0.55%。优质馒头要求体积较大，色白，表皮光滑，复原性好，内部孔隙小而均匀，质地松软，细腻可口，有麦香味等。1993 年我国面粉行业制定了馒头小麦粉的理化指标（表 3）。

表 3　馒头专用小麦粉理化指标 (SB/T 10139—93)

项　　目		精制级	普通级
水分,%	≤	14.0	
灰分（以干基计）,%	≤	0.55	0.70

项 目		精制级	普通级
粗细度（CB36 号筛）		全部通过	
湿面筋（14％水分基），％	≥	25.0～30.0	
面团稳定时间，分钟	≥	3.0	
降落数值，秒	≥	250	
含沙量，％	≤	0.02	
磁性金属物，克/千克	≤	0.000 3	
气味		无异味	

面条专用小麦是指适合制作优质面条（包括切面、挂面、方便面等）的专用小麦。面条起源于我国，是我国人民普遍喜欢的传统食品，也是亚洲的大众食品。面条专用小麦应具有一定的弹性、延展性、出粉率高，面粉色白，麸星和灰分少，面筋含量较高，强度较大，支链淀粉较多，色素含量较低等。影响面条品质的主要因素是蛋白质含量、面筋含量、面条强度和淀粉糊黏性等。我国于1993年制定了面条专用小麦粉的行业标准（表4）。

表4　**面条专用小麦粉理化指标**（SB/T 10137—93）

项　目		面条小麦粉	
		精制级	普通级
水分，%	≤	14.5	
灰分（以干基计），%	≤	0.55	0.70
粗细度　CB36 号筛		全部通过	
CB42 号筛		留存量不超过 10.0%	
湿面筋（14%干基），%	≥	28.0	26.0
面团稳定时间，分钟	≥	4.0	3.0
降落数值，秒	≥	200	
含沙量，%	≤	0.02	
磁性金属物，克/千克	≤	0.000 3	
气味		无异味	
评分值	≥	85	75

　　饼干和糕点专用小麦的面粉要求以中筋和弱筋小麦为好，我国生产的普通小麦虽然面筋质量差，但由于蛋白质和面筋含量较高，也不适合生产制作优质饼干和糕点。为了规范我国软质小麦品种的选育和生产，农业部于1999年制定了饼干和糕点专用小麦的行业标准（表5）。

表5 饼干、糕点软质小麦品种标准

类 别	项 目	饼干、蛋糕用软质小麦品种标准	
		一级	二级
籽粒品质	蛋白质,%	≤12.0	≤14.0
面粉品质	湿面筋,%	≤22.0	≤26.0
	沉降值,毫升	≤18.0	≤23.0
面团品质	吸水率,%	≤54.0	≤57.0
	形成时间,分钟	≤1.5	≤2.0
	稳定时间	≤2.0	≤3.0
烘焙品质	饼干评分	≥90	≥70
	蛋糕评分	≥90	≥70
注	行业标准（待颁布）起草单位：河南省农业科学院小麦研究所		

注：此表由王光瑞提供。

50. 影响小麦品质的因素有哪些?

小麦品质既受品种本身遗传基因的制约，又受自然条件和栽培措施等生态环境因素的影响，是基因和生态环境共同作用的结果。在自然和栽培条件相对一致的地区或年份，品质差异主要受品种基因型的影响，而自然和栽培等生态条件相差较大的地区，其品质差异来自基因和生态条件两个方面，生态条件对其影响程度往往高于基因，如 1970 年国际冬小麦试验圃的品种分别种植在美国、匈牙利和英国，其平均蛋白质含量分别为 17.8%、15.8% 和 12.5%，最高和最低相差 5.3 个百分点。

所谓生态环境因素，主要包括自然温度、光照、降水及其分布、土壤质地、矿质营养、栽培措施等。

51. 温度与小麦品质有什么关系？

一般认为籽粒蛋白质含量与气温年较差、抽穗至成熟期间日平均气温及其日较差呈正相关。特别是在大陆性气候明显的内陆地区，从南向北，随着气温年较差和日较差的增加，籽粒蛋白质含量逐渐增加。不同地区年均气温对品质有明显影响，但从抽穗到成熟阶段的气温对蛋白质及加工品质的影响最重要，一般认为在 15～32 ℃范围内，气温升高，蛋白质含量增加，加工品质改善，超过 32 ℃，则下降。

温度影响小麦生长发育过程中所有的生理机能，决定着物质生产中生理生化反应的速度和方向及其对营养物质的吸收强度，从而影响籽粒产量和品质。一般认为温度影响蛋白质含量的主要原因表现在：

① 适当高的温度可促进根系对土壤中氮素的吸收，因氮在植株体内 85% 以上最终分配到籽粒中，从而提高蛋白质含量，但是温度过高时也会加速根系的衰老，影响氮的吸收。

② 影响蛋白酶活性，从而影响蛋白质的合成与降解。

③ 影响光合作用和碳水化合物的积累，从而导致籽粒中氮的稀释与浓缩。

④ 适当高温可促进灌浆和茎、叶等营养器官的物质转运，而温度过高不但灌浆期缩短，而且加速叶片衰老和呼吸，影响含氮物质的转运，从而降低蛋白质含量。研究还证明，温度对品质的影响不是独立的，而且与品种、水分、光照等因素之间存在较为复杂的关系。

52. 降水与小麦品质有什么关系？

水既是绿色植物进行光合作用、物质生产的

原料，又是植物进行一系列复杂生理生化代谢必需的介质。水对小麦植株的正常生长发育、产量高低及品质性状有着极其重要的意义。改变土壤水分的途径，除了灌溉外，主要是自然降水。自然降水的多少和时间分布，不但决定土壤水分的丰缺和地下水位的高低，而且也影响空气湿度和气温的变化，因此是影响小麦品质的重要因素。

降水对品质影响作用的研究结果比较一致，一般认为小麦生育期间降水量与籽粒蛋白质呈负相关，特别是自然降水成为小麦生产主要限制因子的地区，这种趋势更为明显。降水影响小麦品质的关键时期主要在抽穗到成熟阶段，其原因是降水多时有利于小麦生长发育，淀粉合成加快，产量提高，从而稀释了籽粒含氮量。我国北方地区降水量少于南方地区，而北方地区小麦籽粒蛋白质含量一般高于南方。

53. 光照与小麦品质有什么关系？

光照对籽粒品质的影响较为复杂，因为一个地区的光照度、日照时数及其长短日照往往与气温、降水等自然气候因素相关。

光照度一般与小麦籽粒蛋白质含量呈负相关。英国科学家的研究表明，在灌浆期 8 周内的第 3～6 周或第 4～7 周，光辐射强度与籽粒含氮量呈负相关。而当光照不足时，光合速率降低，光合产量下降，以致籽粒中碳水化合物积累减少，籽粒灌浆不充分，但籽粒中氮积累增加，致使蛋白质含量也增加。

长日照处理的小麦蛋白质含量明显高于短日照处理。有研究认为我国北方 13 省、自治区、直辖市小麦全生育期平均日照总时数高于南方 12 省区，前者比后者小麦蛋白质含量也明显提高，也说明长日照对小麦籽粒蛋白质形成和积累是有利的。

54. 土壤条件与小麦品质有什么关系？

小麦植根于土壤，土壤中水、肥、气、热直接影响根系的生长发育及其活力，进而影响地上部植株生长及产量和品质。土壤条件对小麦品质的影响几乎与气候因素同样重要。一般认为，土壤类型、土壤质地和土壤肥力等因子均对籽粒品质产生较大的影响。例如有人将加拿大17个作物区分为3个土壤带，利用数学模拟计算出棕壤带种植的小麦蛋白质含量最高，随着土壤从棕壤向黑土带过渡，蛋白质含量也逐渐降低。

土壤质地影响籽粒品质，籽粒蛋白质含量随土壤质地的不同而变化。有人对河南60个试验点的小麦（品种相同）蛋白质含量与土壤质地种类进行统计分析表明，随土壤质地由沙→沙壤→中壤及重壤的变化，小麦籽粒蛋白质含量由10.4%上升到14.91%，但如果质地继续变黏，蛋白质含量则趋于下降。对于面筋、沉降值等加工品质指标的分析也证明，随土壤由沙向黏变化，加工品质指标随之提高。

土壤综合肥力直接影响小麦的品质，很多研究证明，随土壤肥力由低向高变化，籽粒品质也随之提高，特别是有机质和氮、磷、钾等矿质元素处在较低或中等水平时，这种相关尤为显著，当土壤肥力达到并超过一定程度时，二者相关较小。王光瑞等（1984）对我国北方冬麦片、黄淮北片和黄淮南片两种肥力条件下区试品种的品质分析表明，高肥组不仅产量高，而且蛋白质含量及沉降值、面团形成时间、稳定时间等指标均优于中肥组，说明提高肥力有利于改善小麦的品质（表6）。

表6 土壤肥力水平对冬小麦产量和品质的影响

区试组	产量（千克/亩）	容重（克/立方厘米）	蛋白质含量（%）	湿面筋含量（%）	沉降值（毫升）	面团稳定时间（分钟）
北方水地高肥	325	780	14.5	35.1	30.9	4.68
北方水地中肥	289	794	13.8	34.8	31.5	3.73
黄淮北片水地高肥	411	788	14.2	32.5	26.1	3.73
黄淮北片水地中肥	358	789	13.2	30.8	25.9	3.14
黄淮南片水地高肥	421	770	11.1	26.8	22.4	3.67
黄淮南片水地中肥	371	789	12.1	26.2	20.8	3.53

55. 小麦蛋白质包括哪些组分？不同施氮量对蛋白质组分有哪些影响？

小麦蛋白质有4种组分，包括清蛋白、球蛋白、醇溶蛋白和谷蛋白。4种蛋白组分的提取方法不同，它们对氮肥的反应有差异，其功能也不尽相同。不同蛋白组分在总蛋白中所占比例也有很大差异，强筋小麦中优 9 507 品种，清蛋白占总蛋白含量的 16.16%，球蛋白占 12.74%，醇溶蛋白占 23.17%，谷蛋白占 47.32%。但不同品种或不同栽培条件下，这种比例关系会略有变化。谷蛋白在任何品种和任何条件下都占有最大的比例。一般情况下，4 种蛋白组分均有随施氮量增加而提高的趋势，但提高的幅度有较大差异。在 4 种蛋白组分中，清蛋白对氮肥反应不敏感，醇溶蛋白次之，而球蛋白和谷蛋白对氮肥反应灵敏，不同的施氮量可以有效影响球蛋白和谷蛋白的含量，最终显著影响总蛋白含量，一般来说，谷蛋白含量和总蛋白含量呈显著的正相关，也就是说谷蛋白含量高时，总蛋白含量相应也较高。

56. 小麦籽粒中有哪些氨基酸？不同施氮量对氨基酸组分有哪些影响？

一般来说，小麦籽粒中有 17 种以上氨基酸，包括天门冬氨酸、脯氨酸、丝氨酸、谷氨酸、甘氨酸、丙氨酸、精氨酸、组氨酸、酪氨酸、蛋氨酸、异亮氨酸、亮氨酸、苯丙氨酸、赖氨酸、缬氨酸、苏氨酸、色氨酸等，其中后 8 种为人体自身不能合成的必需氨基酸，其余为非必需氨基酸。大量试验分析表明，小麦蛋白质中的氨基酸含量很不平衡，极差可达数十倍，其中以谷氨酸含量最多，而必需氨基酸中的赖氨酸含量很少但又非常重要，被称之为第一限制性氨基酸。一般认为必需氨基酸含量的多少是小麦营养品质的重要指标。

很多试验结果表明，不同施氮量处理不仅影响籽粒蛋白质及其组分的含量，同样也明显影响到蛋白质中氨基酸组成，特别是对必需氨基酸含量有显著影响。在每亩追施纯氮 0~12 千克范围内，籽粒中各种必需氨基酸含量均随施氮量的增加而提高。其中每增加 1 千克纯氮，赖氨酸、苏氨酸、异亮氨酸、亮氨酸、苯丙氨酸的相对含量分别提高 2.20%、3.30%、4.10%、3.99% 和 4.78%，并且与蛋白质含量呈正相关。说明施氮对提高籽粒蛋白质中必需氨基酸含量有明显效果。此外，施氮对多数非必需氨基酸含量也有正向调节效应。

57. 什么叫小麦面筋？不同施氮量对面筋含量有什么影响？

用小麦面粉制成的面团在水中揉洗，淀粉和麸皮微粒呈悬浮态分离出来，其他部分溶于水，剩余有弹性和黏滞性的胶状物质称为面筋。小麦面筋的主要成分是醇溶蛋白和谷蛋白，二者约占面筋总量的 80% 左右，此外还含有少量的淀粉、脂肪和糖类等。一般湿面筋含 2/3 的水，干物质占 1/3。小麦面粉之所以能加工成种类繁多的食品，就在于它存在特有的面筋，这是许多作物所没有的。人们根据小麦面筋含量的多少进行品质分级，以加工不同类型的专用食品。

合理增施氮肥可以有效地提高干面筋和湿面筋含量。有试验表明，每亩施氮量在 0～12 千克范围内，普通中筋小麦的干面筋和湿面筋含量随施氮量的增加而呈递增趋势，其中干面筋含量从 7.64% 增加到 13.23%，相对提高了 73.2%；湿面筋含量从 19.72% 增加到 32.09%，因此增施氮肥对提高面筋含量有十分明显的效果。

58. 什么叫面粉吸水率？不同施氮量对吸水率有什么影响？

吸水率是指面粉揉制成软硬合适（有一定的指标要求）的面团所需加水量占小麦面粉的比例，用百分率表示。面粉的吸水量大小与其加工品质密切相关。一般情况下高蛋白含量的面粉比低蛋白含量的面粉吸水率高，但是不同品种的反应并不一致，有些高蛋白品种的吸水率并不高，这与蛋白质的质量有关。一般认为吸水率高的面粉烘焙品质较好。一些发达国家在面粉质量标准中将面粉吸水率作为必须检测的指标。

强筋小麦随着施氮量的增加面粉的吸水率逐渐提高，通过适当增施氮肥，可以使面粉吸水率提高 1.4 个百分点，效果明显；随着吸水率的提高，其他相应的加工品质也有所改善。

59. 什么叫沉降值？不同施氮量对沉降值有什么影响？

沉降值是指单位重量的面粉在弱酸溶液中，

在一定时间内蛋白质吸水膨胀所形成的悬浮沉淀数量的多少，以毫升表示。沉降值是反映烘焙品质的一个重要指标，并与其他品质性状如籽粒蛋白质含量、面筋含量和面包体积等密切相关，与面粉混合指数和出粉率的关系也极为密切。一般沉降值越大，小麦面粉的品质越好。在一定范围内，增加施氮量可以有效地提高沉降值，进而影响其他品质指标。

60. 不同施氮量对面包体积有什么影响？

面包体积是最直观的品质指标，不同的面粉烘焙出来的面包体积有很大差异，实验室内常以 100 克面粉烘焙的面包体积为标准，单位为立方厘米。一般来说，具有良好加工品质的优质小麦面粉所烘焙的面包，不仅其内部和外表质地都很优良，而且具有较大的体积，商品价值也高。

施氮量多少对面包体积有重要影响。在一定范围内，适当增加施氮量可使面包体积增加（图 16）。

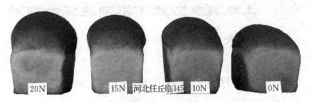

图 16 同一品种不同施氮量处理后的面包体积比较

61. 什么是面包评分？不同施氮量对面包评分有什么影响？

面包评分是根据面包体积、面包表皮色泽、面包形状、面包心颜色、面包切面平滑度、面包瓤弹性、面包瓤纹理结构、口感等多项指标而决定的。世界各国的评分标准虽很不一致，但均以体积为主。我国的面包评分标准为：总分100分，其中体积满分为35分，表皮色泽满分5分，表皮质地与面包形状5分，面包心色泽5分，平滑度10分，弹柔性10分，纹理结构25分，口感5分。一般优质面包评分应在80分以上。在适当的范围内，增加施氮量可以提高面包的评分。

62. 土壤施氮方式下不同施氮时期对小麦品质有哪些影响？

土壤施氮方式在相同施氮量的条件下，不同施氮时期对小麦的主要品质指标都有重要影响，如对籽粒蛋白质含量、面筋含量、沉降值、面团稳定时间、面包体积等重要指标都有明显的调节作用。一般认为适当氮肥后移均可改善上述品质指标。

63. 不同施氮时期对籽粒蛋白质含量有什么影响？

不同时期追施相同氮肥，对籽粒蛋白质含量的影响也不尽相同。一般情况下，随追氮时期的后移，籽粒蛋白质含量有逐渐提高的趋势。有试验表明，在返青、起身、拔节、孕穗、扬花、灌浆6个时期分别进行相同数量的施氮处理，其籽粒蛋白质含量逐渐增加。蛋白质产量受籽粒蛋白质含量和籽粒产量两个因素制约，也就是说，蛋白质产量等于籽粒产量和蛋白质含量的乘积。在上述的试验中，在拔节—孕穗期追肥时达到高峰，以后追肥虽使蛋白质含量继续增加，但是籽粒产量下降，导致蛋白质产量逐渐降低。一般在拔节期追施氮肥增产效果最好，故籽粒蛋白质产量也最高。

64. 不同灌水条件下氮肥后移对籽粒蛋白质含量有哪些影响？

在不同浇水条件下，追肥总量相同时，无论在春季浇2水、3水还是4水，施氮时期后移都可使籽粒蛋白质含量有所提高，其他品质指标也有所改善。这是由于适当后期施氮，小麦植株仍有较强的吸收氮素的能力，此时吸收的氮能更直接地输送到籽粒中去合成蛋白质，因而使籽粒蛋白质含量明显提高。

65. 不同施氮时期对面筋含量有哪些影响？

一般来说，面筋含量与蛋白质含量呈正相关，对蛋白质含量有影响的因素对面筋含量也有影响。在很多试验中，在相同施氮量和相同灌水条件下，在一定范围内随施氮时期推迟，小麦面粉的干面筋和湿面筋含量都有逐渐增加的趋势，其中干面筋含量可以提高 1~2 个百分点，湿面筋含量可以提高 3~6 个百分点，可见适当推迟施氮时期，对提高面筋含量效果明显。

66. 不同灌水条件下氮肥后移对面筋含量和沉降值有哪些影响？

在笔者的试验中，在不同浇水条件下，追肥总量相同时，分别进行追氮时期的处理，结果表明无论在春季浇 2 水、3 水还是 4 水，施氮时期后移都使强筋小麦面筋含量和沉降值有所提高；在浇 2 水条件下，湿面筋含量提高 0.5 个百分点；在浇 3 水条件下，湿面筋含量提高 1.7 个百分点；在浇 4 水条件下，湿面筋含量提高 2.5 个百分点。沉降值分别提高了 1.7~1.8 毫升。

67. 什么是面团稳定时间？氮肥后移对稳定时间和面包体积有什么影响？

面团的稳定时间是用特定的粉质仪测定的，

用分（钟）来表示，可以精确到 0.5 分钟。稳定时间反映面团的耐揉性，稳定时间越长，面团耐揉性越好，面筋强度越大，面包烘焙品质越好。稳定时间太长的面粉不适合制作糕点、饼干等食品，太短不适合加工优质面包。

试验结果表明，适当推迟施用氮肥的时期，可以有效延长稳定时间，一般可以延长 1～4 分钟。同时可以相应扩大面包的体积，一般可以增加10～20 立方厘米。可见氮肥后移对延长面团稳定时间和增加面包体积的效果很好。

68. 不同比例底肥和追肥处理对小麦品质有哪些影响？

在全生育期施氮总量相同时，不同比例的底施和追施处理对小麦籽粒蛋白质含量有明显影响。在普通中筋小麦和强筋小麦的试验中，增加追施氮肥的比例可以使籽粒蛋白质含量增加1.5～2.0个百分点。表明在施氮量相同的条件下适当加大追肥的比例，有明显提高籽粒蛋白质含量的作用，而且表现为在拔节期追施尿素比追施其他种类氮肥对提高籽粒蛋白质含量更为有利。

69. 在不同水分条件下施用氮肥对小麦品质有什么作用?

在不同水分条件下施用氮肥对小麦籽粒产量和品质的作用有较大的差别。水分和肥料以及水肥的相互作用对小麦产量和品质都有较大的影响。一般在湿润和干旱两种条件下,增施肥料对提高籽粒产量和蛋白质含量都有正向作用,但是在湿润条件下增施肥料对提高籽粒产量的作用比在干旱条件下更大,而在干旱条件下增施肥料对提高籽粒蛋白质含量的作用更大些。

在不同施肥量条件下,水分对籽粒蛋白质含量的影响有一定差别。比如在高、中肥条件下,干旱处理的籽粒蛋白质含量比湿润处理分别提高2.29个百分点和2.37个百分点,差异均极显著。但是在低肥条件下,干旱处理的籽粒蛋白质含量比湿润处理仅提高0.1个百分点,差异甚小。表明水分只有在施肥量较高时,才能明显影响籽粒蛋白质含量,在缺少肥料的条件下,水分对蛋白质含量影响甚微。

由于籽粒蛋白质产量受籽粒产量和蛋白质含

量两项指标制约，而且籽粒产量受肥水的影响比蛋白质含量大，只要肥水管理得当就可以增加产量，相应地提高蛋白质产量。因此，增加肥料和土壤水分都可以有效提高籽粒产量和蛋白质产量，二者随水肥的变化是一致的。

一般认为在小麦生育期水分不足，产量下降，而籽粒蛋白质含量却随之增加，但最终蛋白质产量仍然不高。而灌溉小麦，产量可大幅度增加，蛋白质含量却不增加或有所降低，最终蛋白质产量仍可大幅度增加。一般南方因多雨，比干旱的北方小麦品质差，水浇地小麦常比旱地小麦品质差。水分与营养元素特别是氮素共同对小麦品质起作用。在干旱地区，如果土壤肥力很差，尤其是氮素营养不足，产量下降，品质也不会好，而在旱肥地产量和品质都会有所提高。在水浇地上充足合理的氮素供应既可使产量提高，又可使品质不下降或有所提高。

总之，水分对小麦品质的影响是复杂的。一般情况下灌水增加籽粒产量和蛋白质产量，而由于增加了籽粒产量对蛋白质的稀释作用，使蛋白质含量有所下降。干旱在多数情况下会使蛋白质含量有所提高，却使籽粒产量和蛋白质产量降低。

在肥料充足的条件下或在干旱年份，适当灌水可以使产量和品质同步提高，具有同步效应。在较干旱时，肥料充足可使蛋白质含量提高，肥料不足时干旱或湿润都使蛋白质含量降低。

70. 什么是产量与品质的同步效应？怎样使产量和品质同步提高？

通过施肥和灌水，使产量和品质都增加或减少的效果，称为产量与品质的同步效应。增施氮肥可以提高籽粒蛋白质和氨基酸含量，但也不是越多越好，其合理的施氮量常因品种、土壤肥力及其他栽培条件的差异而有很大不同。在一定的施氮量范围内，籽粒产量和品质随施氮量增加而提高，这一施氮量范围称为产量和品质同步增长区；超过这个范围继续增施氮肥，出现籽粒产量下降，而籽粒蛋白质含量仍有增长，称为产量和品质异步徘徊区；再继续增施氮肥，产量和品质都有所降低，则称为产量和品质同步下降区。

在小麦拔节期以前（包括拔节期）追施氮肥，既可提高产量，又可增加籽粒蛋白质含量，即产量和品质同步增长；在拔节期以后追肥，则主要是增加籽粒蛋白质含量，对产量影响小于拔节期追肥，而且越往后期对产量的影响越小。可见为提高品质而追施氮肥，应注意适宜的施氮量和施氮时期，同时还应考虑籽粒产量和蛋白质产量的协调问题。

71. 小麦叶面喷氮有什么作用?

小麦从苗期到蜡熟前都能吸收叶面喷施的氮素营养，但不同生育期所吸收的氮素对小麦有不同的影响。一般认为，小麦生长前期叶面喷氮有利分蘖，提高成穗率，增加穗数和穗粒数，从而提高产量，而在生长后期叶面喷氮则明显增加粒重，同时提高籽粒蛋白质含量，并能改善加工品质。

72. 不同时期喷氮对籽粒蛋白质和赖氨酸含量有哪些作用?

从挑旗期开始分不同时期进行叶面喷氮，结果表明各时期叶面喷氮均有提高籽粒蛋白质含量的作用，各品种籽粒蛋白质含量在籽粒发育过程中的变化趋势仍以半仁期含量较高，以后逐渐下降，乳熟末期以后则又上升。因此，合理地进行叶面喷氮可以有效提高籽粒蛋白质含量，但不改变各品种固有的蛋白质含量变化趋势。

在小麦生长后期的不同时期进行叶面喷氮，其提高籽粒蛋白质含量的效果不尽相同。喷氮以后，在籽粒发育的各个时期进行测定，其蛋白质含量均有所提高。在籽粒完熟期测定，各喷氮处理间籽粒蛋白质含量的高低顺序是乳熟中期、乳熟末期、半仁期、抽穗期、糊熟期、挑旗及对照。其中以半仁至乳熟末期喷氮的效果较好。表明在小麦生长后期喷氮较早期喷氮对提高籽粒蛋白质含量更为有利，但也不是越晚越好。因为在乳熟期以后，叶片逐渐衰老，功能叶片也逐渐减少，吸收能力减弱，从而导致叶面喷氮效果降低。一般情况下，在灌浆前期进行叶面喷氮可使籽粒蛋白质含量提高 $0.5 \sim 1.5$ 个百分点。

从孕穗期到灌浆期叶面喷氮，都可使赖氨酸含量明显提高，其幅度为 $0.03 \sim 0.08$ 个百分点，但灌浆期喷氮比孕穗期喷氮的效果好，这与对籽粒蛋白质含量的影响效果相似。

73. 叶面喷氮用哪种肥料最好?

叶面喷氮用尿素和硫酸铵都可以,但很多试验表明在喷施总氮量相同的情况下,喷施尿素溶液比硫酸铵溶液对提高籽粒蛋白质含量的作用更大。比如在有的试验中,喷施尿素溶液使籽粒蛋白质含量提高1.2~2.6个百分点,喷施硫酸铵溶液使蛋白质含量提高0.7~2.3个百分点。同时,对赖氨酸含量的影响也表现为喷施尿素的效果更好。

74. 不同喷氮数量、次数和浓度对籽粒蛋白质含量有什么影响?

在氮肥溶液浓度和喷施时期相同的情况下,对同一品种进行叶面喷施不同数量的氮素溶液,在一定范围内,其籽粒蛋白质含量随喷氮数量的增加而提高,二者呈显著正相关。但是若就提高蛋白质含量和经济效益权衡考虑,则喷氮数量不宜过多,因每千克纯氮所提高的籽粒蛋白质含量有随喷氮数量的增加而减少的趋势。

在喷肥的数量、次数、时期等条件相同时，不同的喷氮浓度处理均比对照显著地提高了籽粒蛋白质含量，但各喷氮浓度处理间差异不显著。试验和实践表明，叶面喷氮的浓度一般以 2% 为宜，浓度过大容易造成叶尖枯萎（烧叶）。

在实际应用中，喷氮浓度和数量不宜过大，应以不烧伤叶片为宜。一般可掌握在每亩用0.5～1 千克尿素，对水 25～50 千克均匀喷洒。

75. 不同土壤肥力条件下叶面喷氮效果有什么差异？

在土壤中磷、钾含量相同的条件下，籽粒蛋白质含量随土壤中氮含量的增加而提高。叶面喷氮处理的籽粒蛋白质含量比不喷氮的处理有极显著的提高。随着土壤含氮量的降低，叶面喷氮对增加籽粒蛋白质含量的效果逐渐提高。

76. 不同水分状况下叶面喷氮效果有什么差别？

小麦生长期间的水分状况与产量、品质有密

切关系。产量均随水分增多而提高，籽粒蛋白质含量则因水分增加而有降低的趋势。在同样水分条件下，产量和品质均为"土壤施氮＋叶面施氮"的处理优于"土壤施氮"。在土壤水分适宜时，叶片吸收氮素的能力更强，所以在土壤湿润的条件下进行叶面喷氮效果更好。

77. 叶面喷氮对蛋白质组分和氨基酸含量有哪些影响？

叶面喷氮对球蛋白和谷蛋白的影响较大。生长后期叶面喷氮可明显提高球蛋白、谷蛋白和总蛋白的含量。

叶面施氮可以改变小麦籽粒中氨基酸组分的含量。在小麦生长后期进行不同时期叶面喷氮处理，对籽粒中必需和非必需氨基酸含量及 17 种氨基酸总量都有不同程度的增加。其中以小麦籽粒半仁至乳熟末期喷氮，其籽粒中必需氨基酸含量提高较多；而乳熟中期喷氮，氨基酸总量（TA）、必需氨基酸（EA）和非必需氨基酸（NEA）的含量都增加最多。叶面喷氮可以使氨基酸总量提高7％左右，非必需氨基酸提高 5％，而必需氨基酸提高的百分率最大，为12%。

78. 叶面喷氮对小麦磨粉品质、面筋和沉降值有哪些调节效应？

小麦的磨粉品质也属于加工品质的范畴。磨粉品质包括出粉率、籽粒硬度、面粉白度等主要指标，叶面喷氮的小麦出粉率较高，比对照提高1.6个百分点。从籽粒硬度和面粉白度来看，叶面施氮处理也有提高磨粉品质的趋势。

小麦生育后期叶面喷氮能起到改善加工品质的作用，叶面喷氮可以极显著地提高湿面筋和干面筋含量，而且沉降值也有所提高。

79. 叶面喷氮对面团的理化特性有什么影响？

叶面喷氮对改善面团理化性状非常有效。叶面喷氮能显著提高面粉的吸水率，吸水率高的面粉做面包时加水多，既能提高单位重量面粉的出品率，也可做出质量优良的面包，而且面粉的吸水率与其他品质指标也有密切关系。叶面喷氮对面团形成时间、稳定时间和评价值都有显著的正向效应。

80. 对于不同类型的小麦从提高品质的角度如何进行氮肥运筹?

氮肥是对小麦品质影响最大的因素,合理施用氮肥可以有效地改善营养品质和加工品质。对于优质强筋和优质中筋小麦,以增加蛋白质和面筋含量,改善加工品质为目标的施氮技术,应在适宜群体的条件下,提高氮肥的投入水平,适当增加中后期肥料投入比例。一般在每亩 450~500 千克产量水平下,施纯氮 14~18 千克,底肥和追肥比例控制在 5:5,追肥时期适当后移,分 2 次使用,第一次追拔节肥,在倒 2 叶露尖(雌雄蕊分化—药隔期)前后,施用量占一生总施氮量的 40%~45%;第二次追肥在开花期,施用量占一生总施氮量的 5%~10%。在基础肥力较高、每亩总施氮量 14~16 千克条件下,底肥和追肥比例以 4:6 为宜。灌浆期可适当进行叶面喷氮,用 2% 的尿素溶液均匀喷洒,注意在晴天下午 4 时以后喷洒为宜,以免灼伤叶片。

优质弱筋专用小麦肥料施用方法：在确保一定产量的前提下，严格控制氮肥的施用量，尤其要严格控制后期的肥料施用量。一般全生育期每亩施纯氮量 12～14 千克，底肥和追肥的比例为 7∶3，追肥在拔节前期施用，追肥量占全生育期施肥量的 30％，后期不再追肥。

第三讲
小麦高产优质生产技术

81. 什么是小麦叶龄指标促控法?

　　小麦叶龄指标促控法是张锦熙等人多年研究的成果（曾获国家科技进步二等奖），并通过全国多省、自治区、直辖市示范推广，取得显著增产效果。该技术从小麦生长发育规律研究入手，深入剖析了小麦植株各器官的建成及其相互间的关系，自然环境条件和栽培管理措施对小麦生长发育、形态特征、生理特征、物质生产和产量形成的影响，以小麦器官同伸规律为理论基础，以叶龄余数作为鉴定穗分化和器官建成进程，以及运筹促控措施的外部形态指标，以不同叶龄肥水的综合效应和三种株型模式为依据，以双马鞍形（W）和单马鞍形（V）两套促控方法（图17、图18）为基本措施的规范化实用栽培技术。

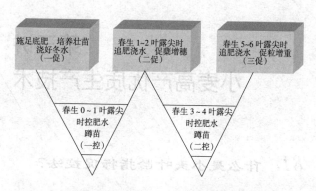

图 17　双马鞍形（W）促控法示意图

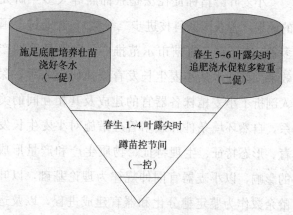

图 18　单马鞍形（V）促控法示意图

（1）**双马鞍形促控法**　此法又称三促二控法，适用于中下等肥力水平或土壤结构性差、保肥保水力弱、群体小、麦苗长势不壮的麦田。关键措施是：一促冬前壮苗。根据土壤肥力基础和产量指标，按照平衡施肥的原理，测土配方施足底肥，包括有机肥和化肥，确定适当播期和播量，选择适用良种保证整地和播种质量，足墒下种，争取麦苗齐、全、匀、壮，并有适当群体。各地情况不一，但都应力争实现冬前壮苗，并适当浇好越冬水，确保小麦安全越冬。一控是在越冬至返青初期，控制肥水实行蹲苗。一般是在春生 1 叶露尖前，不浇水不追肥，冬季及早春进行中耕镇压，保墒提高地温，防止冻害。二促返青早发稳长，促蘖增穗。在春生 1～2 叶露尖前后浇水追肥，促进分蘖，保证适宜群体，以增加成穗数，浇水后适当中耕，促苗早发快长。二控是在春生 3～4 叶露尖前后，控制肥水，再次蹲苗，控制基部节间过长，健株壮秆，防止倒伏。三促穗大粒多粒重，在春生 5～6 叶露尖前后，追肥浇水，巩固大蘖成穗，促进小麦发育，形成壮秆大穗，增加穗粒数，争取穗粒重。同时注意及时防治病虫草害，确保植株正常生长，实现稳产高产。

（2）**单马鞍形促控法**　此法又称二促一控法，适用于中等以上肥力水平、群体合理、长势健壮的麦田。关键措施是：一促冬前壮苗。根据不同的土壤肥力基础和产量目标，确定相应的施肥水平，适当增施有机肥和化肥，要求整地精细，底墒充足，播种适期适量，保证质量，力争蘖足苗壮。不同生态区的壮苗标准不同，但都应在达到当地壮苗标准时实行此管理方法，并适时浇好越冬水，保苗安全越冬。一控是在返青至春生 4 叶露尖时控制肥水，蹲苗控长，稳住群体，控叶蹲节，防止倒伏。主要管理措施以中耕松土为主，群体过大的麦田可适当镇压，或在起身期采取化学调控手段，适当喷施矮壮素、多效唑、壮丰安等植物生长延缓剂，以缩短节间长度，降低株高，壮秆防倒。二促穗大粒多粒重。在春 5~6 叶露尖前后肥水促进，巩固大蘖成穗，增加粒数和粒重。其他管理同常规措施。

82. **什么是小麦沟播集中施肥技术?**

小麦沟播集中施肥技术是张锦熙等人针对我国北方广大中低产麦区的旱、薄、盐碱地多，产量低而不稳的实际情况，在总结借鉴国内外传统经验的基础上，研究小麦沟播集中施肥的生态效应，对小麦生长发育、产量结构的影响和增产效应，经多年研究提出的一项综合实用技术，并相应研制了侧深位施肥沟播机，促进了该技术的示范推广。小麦沟播集中施肥技术增产的关键是由于改善了小麦的生育条件，旱地小麦深开沟浅覆土可借墒播种，把表层干土翻到埂上，种子播在墒情较好的底层沟内，有利出苗，并可促进根系生长。盐碱地采用沟播可躲盐巧种，使表层含盐高的土壤翻到埂上，提高出苗率。易遭冻害地区的小麦，沟播可降低分蘖节在土壤中的位置，平抑地温，减轻冻害死苗，各类型的土壤由于采用沟播，均能使相应的土壤含水量增加，有利小麦出苗和生长。冬季由于沟播田埂起伏可减轻寒风侵袭，防止或减轻冻害，遇雪可增加沟内积雪，有利小麦安全越冬。春季遇雨能减少地面径流，防止地表冲刷，并能使沟内积纳雨水，增加土壤墒情，有利小麦生长发育。侧深位集中施肥可以防止肥料烧苗，提高肥效。该技术在晋、冀、鲁、豫、陕、京、津等省市示范推广，取得显著增产效果。表明小麦沟播集中施肥技术是一项经济有效的抗逆、增产、稳产措施。

小麦沟播集中施肥技术具体要求是：沟宽40厘米，每沟播2行，平均行距20厘米。肥料施在种子侧下方5厘米。使用小麦沟播机可使开沟、播种、施肥、覆土、镇压多项作业一次完成（图19）。

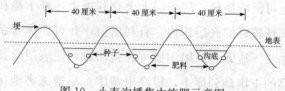

图 19　小麦沟播集中施肥示意图

83. 什么是小麦全生育期地膜覆盖穴播栽培技术？

该技术是甘肃省农业科学院粮食作物研究所开发的抗旱节水增产技术，并相应研制了小麦机械覆膜播种机，加速了该技术的推广应用，目前该技术将传统的条播—盖膜—揭膜改为盖膜穴播用机械一次完成，全生育期不再揭膜，从而使节水、抗旱、增产效果更为明显，成为我国北方干旱半干旱地区以及雨养农业或灌溉水资源缺乏地区实现小麦抗逆稳产的实用栽培技术。具体操作：机械起埂覆膜，埂高 15～20 厘米，有浇水条件的埂面 1.4 米，穴播 7～8 行，行距 20 厘米，穴距 11 厘米左右，每穴播种 12 粒左右，每亩播种 40 万粒左右，旱地埂面 0.8 米，穴播 4～5 行，穴距 11 厘米，每穴播种 10 粒左右，每亩播种 35 万粒左右（图 20）。埂面宽度和播种行数还可根据当地情况自行调整，每穴粒数也可根据土壤肥力情况和品种分蘖力进行调节，土壤肥力好、品种分蘖多的可适当减少每穴粒数。河北省农业技术推广总站在引进该技术时，对覆膜穴播机进行改进，在膜侧沟内条播 1 行小麦，更合理地利用了穴间，取得较好的增产效果。

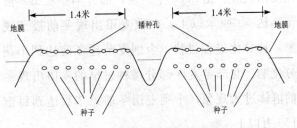

图 20　地膜覆盖穴播示意图

84. 什么是冬小麦高产高效应变栽培 技术？

根据多年试验研究和小麦生产实践，结合近年来全球气候变暖的实际情况，研究提出冬小麦以"二调二省"为核心内容的高产高效应变栽培技术。

二调：调整播期，调整播种量

（1）因地制宜，调整播期 近几年来冬小麦播种后到越冬前气温持续偏高，冬前积温比常年同期高 100 ℃左右。过高的冬前积温，对于不同播期和不同生态区的小麦产生的影响不尽相同。对于黄淮及长江下游冬麦区播种偏早的小麦可能形成麦苗过旺。据 2006 年调查，部分早播麦田冬前苗高达 50 厘米以上，少数麦田出现冬前拔节现象，穗分化进程过快，个别麦苗越冬前达到小花分化期。北部冬麦区部分播种过早的麦田出现冬前群体过大现象，个别麦田冬前总茎数达到每亩150 万以上。

由于温度高，少数早播麦田生长量过大，冬

前出现封垄，部分地块出现苗倒伏。生长过旺的麦田，麦苗素质差，抗寒能力明显降低，翌年早春遇冻害或突然发生的低温天气，造成大量死苗、死茎或小穗发育不全，给小麦生产造成严重损失，少数麦田可能造成毁种绝收。

根据全球变暖的大气候条件和我国小麦主产区连续暖冬的实际情况，各地小麦播种期应在传统的适播期范围推迟 1 周左右，以确保小麦冬前（播种至越冬）积温控制在 550～600 ℃，最高不超过 650 ℃。具体推荐的推迟播期范围是：北部冬麦区播种的冬性小麦品种推迟 5 天左右，黄淮冬麦区和长江中下游麦区播种的半冬性小麦品种推迟 7 天左右。

(2) 因地因时调整播种量，确保适宜基本苗

① 适期播种要节约用种，适当降低播量，创建合理群体，提高群体质量。据调查，目前全国小麦主产区播种量普遍偏大的现象严重，北部冬麦区尤其突出，有些适期播种的小麦，播种量每亩 15 千克以上，晚播小麦甚至达到 25 千克以上。黄淮冬麦区及长江下游冬麦区有些适期播种的小麦，播种量达到 10 千克以上。播种量偏大的直接

后果，一是浪费种子，增加成本；二是造成群体过大，个体发育不良，田间郁闭，容易发生病虫害，后期光合作用不良，茎秆细弱，容易倒伏，造成减产。

因此，建议在现有播种量的基础上，黄淮及长江下游冬麦区每亩降低播种量1～3千克，北部冬麦区每亩播种量降低2～4千克，以控制合理群体，发挥个体优势，提高群体质量，充分利用小麦优势蘖成穗。

小麦的播种量应以基本苗为标准来确定，具体应根据小麦的千粒重、发芽率、田间出苗率等因素计算。一般要求黄淮冬麦区南部的半冬性品种基本苗控制在每亩10万左右，分蘖力较低的弱春性或春性品种可适当增加；中部（以半冬性品种为主）可控制在每亩12万左右；北部（半冬性品种）可控制在每亩12万～15万；北部冬麦区的南部高产田（半冬性—冬性品种）可控制在每亩12万～18万，中部高产田（冬性品种）控制在每亩15万～20万，北部高产田（冬性品种）控制在每亩20万～25万。

② 过晚播种要适当增加播种量。过晚播种指

冬前积温低于 500 ℃，冬前总叶片少于 5 叶的情况下，要根据实际播期、品种分蘖特性等因素，在适宜播种量的基础上，冬前积温每减少 15 ℃，每亩增加 1 万基本苗，以确保有足够的成穗群体。

二省：省水，省肥

（1）省水：推迟春季灌水时期，重点节省返青水 应根据土壤墒情和冬前降水情况，确定是否灌越冬水。墒情好、播种晚的麦田，节省越冬水。根据小麦生长发育规律和需水关键时期的需要，提倡推迟春季灌水时期，节省返青水。据调查，现在有些麦田春季浇水偏早，既浪费水，又对小麦生长不利。早春小麦生长的主要限制因素是温度，对于已灌底墒水和越冬水、土壤墒情较好的麦田，早春管理的主要目标是提高地温，促苗早发，控苗壮长。将春季第一次肥水管理推迟到拔节期（春 5 叶露尖前后）进行。

（2）省肥：合理运筹施肥，降低施用量 根据小麦生长发育的需要和高产优质的要求合理用肥，是当前应注意的重要问题之一。目前小麦主产区的有机肥用量普遍偏少或基本没有，小麦生产主要靠化肥。"肥大水勤，不用问人"的传统观念依然存在，不少地区小麦生产中化肥用量过多，有些人简单地认为施肥越多产量越高。

笔者在农村调查时发现有的麦田每亩施氮素25～30千克，造成严重浪费；底肥和追肥比例不协调的现象也普遍存在，不少中强筋小麦底施氮肥占全生育期施氮肥总量的70%以上，造成小麦苗期肥料过剩，后期肥力不足。因此，建议各类中高产麦田在现有施肥基础上每亩减少氮素施用量1～3千克，推荐施肥量为中强筋中高产田小麦全生育期每亩施氮素14～16千克，高产麦田16～18千克，五氧化二磷和氧化钾各6～8千克。底施氮肥和追施的比例为5：5或4：6，追肥时期掌握在拔节期。磷钾肥可全部底施。弱筋中高产麦田小麦全生育期每亩施氮素12～15千克，底追比例为7：3，五氧化二磷和氧化钾各5～7千克。磷钾肥可全部底施，也可以留1/3做追肥。

本技术体系中还要注意"三防"，即适时防病虫、防草害、防倒伏。

85. 什么是小麦优势蘖利用超高产栽培技术？

该技术是国家"九五"重中之重科技攻关项目"小麦超高产形态生理指标与配套技术体系研究"的成果之一（2000 年获河南省科技进步二等奖，2005 年获全国农牧渔业丰收奖二等奖），由中国农业科学院作物科学研究所等单位经多年试验研究，并借鉴前人的研究成果，优化集成组装的以小麦优势蘖利用为核心的"三优二促一控一稳"超高产栽培技术。

三优：

（1）**优良超高产品种选用** 根据在豫、鲁、冀、苏等高产麦区多年多点试验及生产实践，确定超高产小麦的应用品种指标为具有超高产潜力（产量潜力在每亩 600 千克以上）、矮秆（株高在 80 厘米左右）、抗逆（抗病，抗倒）和产量结构协调（每亩成穗 40 万～50 万，穗粒数 33～36，千粒重 40～50 克）。

（2）**优势蘖组的合理利用** 根据超高产小麦

主茎和分蘖的生长发育形态生理指标和产量形成
功能的差异，提出优势蘖组的概念和指标，即在
利用多穗型品种进行超高产栽培中，主要利用主
茎和 1 级分蘖的 1、2、3 蘖成穗，在每亩基本苗
12 万左右时，单株成穗 4 个左右，即充分利用优
势蘖的苗蘖穗结构。

（3）**优化群体动态结构和群体质量**　根据对
超高产小麦群体结构和群体质量的研究，提出优
化群体动态结构指标为：每亩基本苗 10 万～12
万，冬前总茎数 70 万～80 万，春季最高总茎数 90
万～110 万，成穗数 40 万～50 万。优化群体质量
主要指标为：最高叶面积系数 7～8，开花期有效
叶面积率在 90％以上，高效叶面积率 70％～75％，
开花至成熟期每亩干物质积累量在 500 千克左右，
收获期的群体总干物质在 1 350 千克以上，花后干
物质积累量占籽粒产量的比例在 80％左右。

　二促：

　（1）**一促冬前壮苗**　根据多年多点对超高产
麦田土壤养分测定分析，提出应培肥地力，使之
有机质含量达到 1.2％～1.5％，全氮含量在 0.1％
左右，速效氮、磷、钾含量分别达到 90 毫克/千克、

25毫克/千克、120毫克/千克左右，锌、硼有效态含量分别在2毫克/千克、0.5毫克/千克左右。根据超高产小麦对多种营养元素吸收利用的特点，提出在上述地力指标的基础上，施足底肥，每亩施纯氮8～10千克，五氧化二磷12～14千克，氧化钾8～10千克，锌、硼肥各1千克左右，实现冬前一促，保证冬前壮苗和底肥春用。

（2）**二促穗大、粒多、粒重** 即在拔节后期（雌雄蕊分化至药隔期）重施肥水促进穗大、粒多、粒重。一般每亩施纯氮8～9千克。其施肥策略是根据超高产小麦形态生理指标确定氮肥的合理运筹，即为促进冬前分蘖和保证早春壮长，底施氮肥应占计划总施氮量的40%～50%，雌雄蕊分化期是小麦生长发育需氮高峰和管理的关键期，随灌水施入计划总施氮量的40%～50%，扬花期施入计划总施氮量的5%左右。

一控：根据超高产小麦的吸氮特点和生长发育特性及超高产栽培的要求，在返青至起身期严格控制肥、水，控制旺长，控制无效分蘖，调节合理群体动态结构，使植株健壮，基节缩短，防止倒伏。

一稳：根据超高产小麦生育中后期生长发育特点，后期管理以稳为主，适当施好开花肥水，一般可每亩追施 2 千克左右氮素，或结合一喷三防进行叶面喷肥，促粒大粒饱，提高粒重，同时做好防病治虫，保证生育后期稳健生长，防止叶片早衰，确保正常成熟。

在这一体系中还体现了节水栽培的内容，即播前保证足墒下种，具体操作视墒情决定是否浇底墒水。冬前看天气及墒情和苗情决定是否浇越冬水，节省返青水，推迟春水，浇好拔节水和开花水，全生育期重点浇好 3 水，即底墒水或越冬水、拔节水和开花灌浆水，比过去的一般高产田节约 1～2 水。

86. 什么是小麦精播高产栽培技术？

冬小麦精播高产栽培技术是余松烈等人研究完成的重大科技成果（1992 年获国家科技进步二等奖）。由于该技术较好地解决了小麦中产变高产过程中高产与倒伏的矛盾，突破了冬小麦单产每亩 400 千克左右徘徊不前的局面，使单产提高到

500千克以上，因此对我国黄淮及类似生态区的小麦生产具有普遍的指导意义和应用价值。

所谓精播高产栽培技术，是以降低基本苗、培育壮苗、充分依靠分蘖成穗构成合理群体为核心的一整套高产、稳产、低消耗栽培技术体系。该技术的突出特点是：个体健壮、群体动态结构合理、中后期绿色器官衰老缓慢、光合效率高、肥水消耗少。其基本内容是：在麦田肥水条件较好的基础上，选择增产潜力大，分蘖、成穗率均较高的良种，适时早播、逐步降低基本苗至每亩6万~12万（生产中一般采用7万~10万）；通过提高整地及播种质量，培育壮苗；通过扩大行距和促控相结合的肥水等技术措施，保证群体始终沿着合理的方向发展，以改善拔节后群体内光照和通风条件、充分发挥个体的增产潜力，使植株根系发达、个体健壮、穗大粒多、高产不倒。

其栽培技术要点是：

（1）**培肥地力** 实行精播高产栽培，必须以较高的土壤肥力和良好的土、肥、水条件为基础。实践证明，凡是小麦生产水平达到每亩产量350千克以上的地块，耕层土壤养分含量一般达到下列指标：有机质 1.22%±0.14%、全氮 0.08%±0.008%，水解氮 47.5±14 毫克/千克，速效磷 29.8±14.9 毫克/千克，速效钾 91±25 毫克/千克。这样的地块实行精播，均可获得 500～600 千克/亩小麦产量。

(2) **选用良种**　试验证明，不同品种实行精播的配套技术与增产效果是不相同的。选用单株生产力高、抗倒伏、大穗大粒、株型紧凑、光合能力强、经济系数高、早熟、落黄好、抗病、抗逆性好的良种，有利于精播高产栽培。

(3) **培育壮苗**　培育壮苗，建立合理群体动态结构是精播栽培技术的基本环节。培育壮苗，促进个体健壮，除控制基本苗数外，还要采用一系列措施：

① 施足底肥。底肥以农家肥为主，化肥为辅，重施磷肥，氮、磷、钾肥配合，分层施肥，以不断培肥地力，满足小麦各生育时期对养分的需要。在一般情况下，每亩施优质有机肥 2 000～3 000 千克（或纯氮 7～8 千克、五氧化二磷 7～8 千克和氧化钾 5～6 千克）作底肥。当土壤 0～20 厘米土层内速效磷含量在 5 毫克/千克或 10 毫克/千克以下

时，植株对当季施用的磷肥利用率较高。底施磷肥和拔节以前追施磷肥，增产效果显著。但在同样施磷量条件下，追施效果不如底施效果，晚追不如早追。在土壤缺磷，没有底施磷肥或施磷肥不足的情况下，应尽早追施磷肥，最好在冬前追施，或返青期追施，并以氮、磷肥混合追施，氮、磷比例以 1∶(1∼1.5) 为宜。对缺乏锌、钼、锰、硼等微量元素的土壤，应根据缺素情况，在底肥中适当添加微肥。

② 提高整地质量。适当加深耕层，破除犁底层，加深活土层。整地要求地面平整、明暗坷垃少而小，土壤上松下实，促进根系发育。

③ 坚持足墒播种，提高播种质量。在保墒或造墒的基础上，选用粒大饱满、生活力强、发芽率高的良种。实行机播，要求下种均匀，深浅一致，适当浅播，播种深度 3∼5 厘米，行距23∼30 厘米，等行距或大小行播种，确保播种质量。

④ 适期播种。在适期播种范围内，争取早播。一般适宜的播种期应定在日平均气温 16∼18 ℃，要求从播种到越冬开始，有 0 ℃以上积温 580∼

700 ℃为宜。

⑤ 播种量适宜。播种量应以保证实现一定数量的每亩基本苗数、冬前分蘖数、年后最大分蘖数以及穗数为原则。精播的播种量要求实现的基本苗数为每亩 6 万～12 万。

(4) 合理的群体结构 精播的合理群体结构动态指标是：每亩基本苗 6 万～12 万，冬前总分蘖数 50 万～60 万，年后最大总分蘖数（包括主茎）60 万～70 万，最大不超过 80 万，成穗 40 万左右，不超过 45 万穗，多穗型品种可达 50 万穗左右。叶面积系数冬前 1 左右，起身期 2.5～3，挑旗期 6～7，开花、灌浆期 4～5。

欲创建一个合理的群体结构，除上述培育壮苗措施之外，还应采取以下措施：

① 及时间苗、疏苗、移栽补苗。基本苗较多、播种质量较差的，麦苗分布不够均匀，疙瘩苗较多，必须十分重视在植株开始分蘖前后进行间苗、疏苗、匀苗，以培育壮苗。这是一项重要的增产措施。

② 控制多余分蘖。为了防止群体过大，必须调节群体，控制多余的有效分蘖和无效分蘖，促

进个体健壮，根系发达。精播麦田，当冬前总分蘖数达到预期指标后，即可进行深耘锄。耘后耧平、压实或浇水，防止透风冻害。也可使用壮丰安等进行化控。

返青后如群体过大、冬前没有进行过深耕锄的，亦可进行深耘锄，以控制过多分蘖增生，促进个体健壮。深耘锄对植株根系有断老根、长新根、深扎根、促进根系发育的作用，对植株地上部有先控后促的作用。控制新生分蘖形成和中小蘖生长，促使早日衰亡，防止群体过大，改善群体内光照条件，有利大蘖生长发育，提高成穗率，促进穗大粒多，增产显著。

③重施起身或拔节肥水。精播麦田，一般冬前、返青不追肥，而重施起身肥或拔节肥。麦田群体适中或偏小的重施起身肥水，群体偏大重施拔节肥水。追肥以氮肥为主，每亩施尿素 20 千克左右，开沟追施。如缺磷、缺钾，也要配合追施磷、钾肥。这次肥水能促进分蘖成穗，提高成穗率，促进穗大粒多，是一次关键的肥水。

早春返青期间主要是划锄，松土、保墒、

提高地温，不浇返青水，于起身或拔节期追肥后浇水，浇水后要及时划锄保墒。要重视挑旗水，浇好扬花和灌浆水。研究证明，在精播条件下，从挑旗到扬花，1米深土层保持田间持水量的70%～75%，籽粒形成期间60%～70%，灌浆期50%～60%，成熟期间降到40%～50%，这是精播高产栽培小麦拔节以后高效低耗水分管理的指标。在上述指标范围内，气温高、日照充足、大气湿度小，应取高限，反之，则取低限。

（5）**预防和消灭病虫及杂草危害** 在精播高产栽培条件下，小麦植株个体比较健壮，有一定程度的抗病能力，但仍须十分注意防治工作，认真贯彻"预防为主，综合防治"的方针，对各地常年易发病虫害做好病虫测报，及时准确地进行防治，保证小麦生育期间无病、虫、草害发生。

根据我国目前的生产现状，某些地区由于条件（如土壤肥力、肥水条件、技术水平）的限制，还不能实行精播的，可采用"半精播"栽培技术。主要是适当提高基本苗，每亩13万～16万，其他可参考精播栽培技术，在管理上要特别重视防止群体过大，既要保证单位面积穗数，又要促进个体健壮。要十分重视培养地力，改善生产条件，逐步创造条件实行精播。

87. 什么是小麦独秆栽培技术？

为了解决晚播小麦晚熟低产的问题，山东烟台市福山区农业技术推广站和烟台市农业技术推广站经过多年的试验研究，于20世纪80年代初期总结出一套较完整的冬小麦晚播丰产简化栽培技术，即独秆栽培法。实践证明，此项技术是晚播冬小麦创高产的一条重要途径，较好地解决了实行一年两作光热资源相对不足地区小麦、玉米等一年两作双高产的矛盾。

独秆栽培法是在播种期、播种量和肥水管理等方面与传统栽培法不同的一种丰产栽培途径。它的主要内容是在冬前积温550℃左右时（山东省为10月中下旬）播种，较大幅度地增加基本苗，底肥重施磷、轻施氮，春季严格蹲苗，拔节后肥水齐攻，以协调群体与个体的关系，发挥主茎成穗和总穗数多的优势，获得高产。烟台市福山区农业技术推广站自 1981—1985 年连续 5 年试验，独秆栽培小麦比同期播种常规栽培的小麦平均每亩增加 93.2 千克，增产极显著；比适期播种常规栽培的增加 37.3 千克，增产也较明显。该法除用种较多外，其他成本投入均低于普通晚茬麦，每亩可节约尿素 10 千克左右，少浇 1～2 遍水，节水 90～180 毫米，是节水栽培的一条重要途径，并能简化冬前和早春管理，每亩可节约 1～2 个工日。同时由于后期施氮肥充足，籽粒蛋白质含量一般较常规栽培的提高 1%左右，显示了独秆栽培技术高产、优质、低耗的优点。

独秆栽培法虽然简化了小麦栽培管理，但不是简单粗放种植，而是要求在具有水浇条件的中等以上土壤肥力的基础上抓好精细整地，施足基肥，适期播种，足墒下种，保证密度，全面提高播种质量。应突出掌握以下几点：

（1）**播种期**　不同的栽培方法有其不同的适宜播种期。根据试验和生产实践经验，独秆麦在日平均气温 12～16 ℃（冬前积温 250～550 ℃）播种都可以获得较高的产量。说明独秆栽培法对播种期的适应性较大，只要能保证足够的基本苗，播种较晚甚至"土里捂"（当年不出苗）的麦田，也能获得较好收成。如山东烟台市福山区农业技术推广站 1983—1988 年连续 6 年种植"土里捂"小麦均获得亩产 350～400 千克的好收成。

我国各地生产条件千差万别，因此播种期应视当地的气候和生产条件具体确定，抓住日平均气温 12～16 ℃这段时间集中力量播种。如果日平均气温 16～18 ℃时采用常规法播种，12～16 ℃时采用独秆栽培法播种，小麦的适宜播种期则可由过去的十几天拓宽到 1 个多月，不但可延长上茬作物的灌浆时间，提高产量，而且也有利于精耕细作，提高小麦播种质量。

（2）**播种密度** 独秆栽培小麦靠种子保苗，靠苗保穗，它要求基本苗相当于或略低于该栽培法适宜的成穗数。据多年试验和生产实践证明，如烟农 15 多穗型品种适宜的成穗数为每亩 60 万～65 万（常规栽培为 50 万～55 万），其适宜的基本苗为 55 万～60 万；而鲁麦 7 号中穗型品种，适宜的成穗数为 45 万～50 万，其适宜的基本苗为 40 万～45 万。

独秆栽培的密度较大，前期容易出现株间过于拥挤，后期因小麦株型较紧凑，容易出现小麦行间漏光。为协调前后矛盾，应尽量缩小行距，一般行距以 10～15 厘米为宜。播种前应精选种子，选用大粒种子做种，作好发芽试验，准确计算播种量，这是保证苗齐、苗全、苗足，提高小麦整齐度的重要环节。

播种量和播种期应适当配合，一般在冬前积温 550 ℃左右时播种，基本苗和成穗数的比例为 0.8：1；冬前积温 350～480 ℃时，苗穗比为 0.9：1；冬前积温 350 ℃以下时，苗穗比为 1：1。

（3）**施肥**　独秆栽培技术的施肥方法与常规栽培技术有很大不同，其特点：要求底肥增施有机肥料，一般每亩施有机肥 3 000 千克以上，重施磷肥，一般施五氧化二磷 7～10.5 千克；全生育期的施氮量，中产田一般施纯氮每亩 12 千克左右，高产麦田施 14 千克左右；土壤含氮量高的地块可不施氮素化肥作底肥，含氮量一般的以总施氮量的 30% 作底肥；翌年春季严格进行蹲苗，至拔节到挑旗期（一般以旗叶露尖效果最好）进行分类追肥；一般土壤肥力高、苗情好的可到旗叶露尖时再追肥；对土壤肥力较差、缺肥重的可在拔节期（即第一节间露出地面 1.5 厘米左右）进行追肥。

（4）浇水 控制浇水的时间和浇水次数是独秆栽培成败的关键。独秆麦因播种晚，冬前生长量小，对土壤水分消耗少，所以在足墒播种的条件下，一般不浇越冬水和返青水。至于起身水，只要 0～20 厘米土壤含水量不低于田间持水量的 60%，春后第一水可坚持到拔节至旗叶露尖时结合追肥浇水，在开花至灌浆期浇第二水，一般全生育期浇二至三水即可满足小麦对水分的需要。如遇特别干旱年份可酌情增加浇水次数。

88. 什么是晚茬麦栽培技术？

我国种植晚茬小麦有着悠久的历史，但产量很低。随着耕作制度的改革和复种指数的提高，晚茬小麦面积逐年扩大。这些晚播的小麦由于播种晚，冬前积温不足，造成苗小、苗弱，根系发育差，成穗少，产量低而不稳。

根据晚茬麦冬前积温少、根少、叶少、叶小、苗小、苗弱、春季发育进程快等特点，要保证晚茬麦高产稳产，在措施上必须坚持以增施肥料、选用适于晚播早熟的小麦良种和加大播种量为重点的综合栽培技术。重点抓好以下五项措施（即"四补一促"栽培技术）：

（1）增施肥料，以肥补晚 由于晚茬麦冬前苗小、苗弱、根少，没有分蘖或分蘖很少，以及春季起身后生长发育速度快、幼穗分化时间短等特点，并且晚茬麦与棉花、甘薯等作物一年两作，消耗地力大，棉花、甘薯等施有机肥少，加上晚播小麦冬前和早春苗小，不宜过早进行肥水管理等原因，必须对晚播小麦加大施肥量，以补充土壤中有效态养分的不足，促进小麦多分蘖，多成穗，成大穗，夺高产。

晚茬麦的施肥方法要坚持以基肥为主，以有机肥为主，化肥为辅的施肥原则。根据土壤肥力和产量要求，做到因土施肥，合理搭配。一般亩产 250～300 千克的麦田，每亩基施有机肥 3 000 千克，尿素 15 千克，过磷酸钙 50 千克为宜，种肥尿素 2.5 千克或硫酸铵 5 千克；亩产 350～400 千克的晚茬麦，可每亩基施有机肥 3 500～4 000 千克，尿素 20 千克，过磷酸钙 40～50 千克，种肥尿素 2.5 千克或硫酸铵 5 千克，要注意肥、种分用，防止烧种。

(2) 选用良种，以种补晚 实践证明，晚茬麦种植早熟半冬性、偏春性和春性品种阶段发育进程较快，营养生长时间较短，容易形成大穗，灌浆强度较大，达到粒多、粒重、早熟、丰产，这与晚茬麦的生育特点基本吻合。

(3) 加大播种量，以密补晚 晚茬麦由于播种晚，冬前积温不足，难以分蘖，春生蘖虽然成穗率高，但单株分蘖显著减少，用常规播种量必然造成穗数不足，影响单产提高。因此，加大播种量，依靠主茎成穗是晚茬麦增产的关键。播期越迟，播量越大。

(4) 提高整地播种质量，以好补晚

① 早腾茬，抢时早播。晚茬麦冬前早春苗小、苗弱的主要原因是积温不足，因此早茬、抢时间是争取有效积温、夺取高产的一项十分重要的措施。在不影响秋季作物产量的情况下，尽量做到早腾茬、早整地、早播种，加快播种进度，减少积温的损失，争取小麦带蘖越冬。为使前茬作物

早腾茬，对晚收作物可采取麦田套种或大苗套栽的办法，以促进早熟早收，为小麦早播种奠定基础。

②精细整地，足墒下种。精细整地不但能给小麦创造一个适宜的生长发育环境，而且还可以消灭杂草，预防小麦黄矮病和丛矮病等。前茬作物收获后，应抓紧时间深耕细耙，精细整平，对墒情不足的地块要整畦灌水，造足底墒，使土壤沉实，严防土壤透风失墒，力争小麦一播全苗。如时间过晚，也可采取浅耕灭茬播种或者串沟播种，以利于早出苗、早发育。

足墒下种是小麦全苗、匀苗、壮苗的关键环节，保全苗安全越冬对晚茬麦尤为重要。在播种晚、湿度低的条件下，种子发芽率低，出苗慢，如有缺苗断垄，补种也很困难，只有足墒播种才能获得足苗足穗、稳产高产的主动权。晚茬麦播种适宜的土壤湿度为田间持水量的70%～80%。如果低于70%就会出苗不齐，缺苗断垄，影响小麦产量。为确保足墒下种，最好在前茬作物收获前带茬浇水，并及时中耕保墒，也可在前茬收后抓紧造墒，及时耕耙保墒播种。如果为了抢时早播也可播后浇蒙头水，待适墒时及时松土保墒，助苗出土。

③ 宽幅播种，适当浅播。采用复播技术可以加宽播幅，使种子分布均匀，减少疙瘩苗和缺苗断垄，有利于个体发育。重复播种的方法是用播种机或耧往返播两次，第一次播种子量的 60%～70%，第二次播种子量的 30%～40%。在足墒的前提下，适当浅播，可以充分利用前期积温，减少种子养分消耗，以促进晚茬麦早出苗，多发根，早生长，早分蘗。一般播种深度以 3～4 厘米为宜。

④ 浸种催芽。为使晚茬麦早出苗，播种前用20～30 ℃的温水浸种 5～6 小时后，捞出晾干播种，也可提早出苗 2～3 天。

(5) 科学管理，促壮苗，多成穗

① 镇压划锄，促苗健壮生长。根据晚茬麦的生育特点，返青期促小麦早发快长的关键是温度，镇压划锄不仅可以增湿保墒，而且可以防盐保苗，从而促进根系发育，培育壮苗，增加分蘗。

② 狠抓起身期肥水管理。小麦起身后，营养生长和生殖生长并进，生长迅猛，对肥水的要求极为敏感，水肥充足有利于促分蘗，多成穗，成

大穗，增加穗粒重。追肥数量，一般麦田可结合浇水每亩追施尿素 15～20 千克或碳酸氢铵25～40 千克；基肥施磷不足的，每亩可补施过磷酸钙 15～20 千克；对地力较高、基肥充足、苗旺的麦田，可推迟到拔节后期追肥、浇水。晚茬麦由于生长势弱，春季浇水不宜过早，以免因浇水降低地温影响生长，一般以 5 厘米地温稳定在 5 ℃时开始浇水为宜。

③ 浇好孕穗灌浆水。小麦孕穗期是需水临界期，浇水对保花增粒有显著作用。这一时期应视土壤墒情适时浇水，以保证土壤含水量为田间持水量的 75% 左右，并适量补追孕穗肥，每亩施尿素 5 千克左右。晚茬麦由于各生育期相对推迟，抽穗开花比适期播种的小麦晚 3～4 天，推迟了灌浆时间，缩短了灌浆期，但灌浆强度增大，因此应及时浇好灌浆水，以延长灌浆时间，提高千粒重，保证获得高产。

89. 什么是稻茬麦适期播种栽培技术？

稻茬麦是南方小麦的主要麦作方式。稻茬适

期播种小麦具有以下优点：一是成穗率高，结实率高，一般茎蘖成穗率可达 50% 左右，每穗分化小穗多，退化少，结实小穗多。二是籽粒充实度高，花后干物质积累高，供籽粒灌浆的有机营养充足，籽粒的充实度高，粒重高。三是粒叶比高，粒叶比是小麦后期群体质量的重要指标，高的粒叶比表明单位面积所建立和负载的库容量大，即单位叶面积的有效生长量多，是源库充分协调的结果。四是穗粒重在高水平下协调，可使有效穗数、穗粒数、千粒重三者充分协调。

稻茬麦适期播种主要调控技术如下：

（1）品种选用　宜选用大穗大粒、综合性状好、高产优质的品种。

（2）适期早播　在一定范围内，随着播期的提前，冬前有效积温增高，低位分蘖的发生率和成穗率提高，单株成穗数也越多。此外，还能增加主茎总叶片数，延长灌浆时间，提高千粒重。但不能过早播种，否则容易在冬、春遇低温受冻。

（3）降低基本苗　适当降低基本苗，每亩 8 万～12 万为宜。同时，适当扩大行距，由 20 厘米扩大到 25～30 厘米，可提高播种均匀度，减少缺苗断垄，并可改善中后期通风透光条件，提高灌浆期群体质量，提高产量。

（4）高效施肥 氮肥运筹的比例为基肥：分蘖肥：拔节肥为 5：1：4，磷肥全部作基肥，钾肥分两次等量施用，分别作基肥和返青拔节肥。氮、磷、钾肥用量按 1：（0.6～0.8）：（0.6～0.8）的比例。

（5）高标准建立麦田一套沟 由于南方（稻区）小麦一生中降雨多，且中后期雨水偏多，容易发生渍害，是小麦优质、高产栽培的关键制约因子。高标准搞好麦田一套沟（内沟、田外围沟、总排水沟），是实现优质、高产的主要措施，真正做到能排能降，雨住田干，旱涝保收。

（6）化学调控

① 播种期采用多效唑拌种，能矮化植株，促进分蘖，增深叶色，显著提高抗寒性。每千克种子用 15％多效唑 1 克，不宜超过 2 克。由于多效唑具有一定的副作用，播种宜提早 2～3 天，播种量适当提高 5％～10％。

② 中期喷施植物生长延缓剂以防倒伏，喷药

时间宜在倒 5 叶末至倒 4 叶初。

③ 后期喷施生化制剂增粒增重。在开花灌浆期根外喷施富含磷、钾、锌等生化制剂，或植物生长调节剂，可促进养分平衡，延缓叶片衰老，提高灌浆速率，增粒增重。

(7) **综合防治病虫草害** 稻茬杂草种类多、数量多，且发生早、生长量大，应使用高效、长效除草剂，尽早防除，一次用药，一次根除。纹枯病、白粉病、赤霉病是稻茬小麦的三大病害，对产量和品质的影响很大。对于纹枯病，采取拌种和春季早防、多防，药剂为纹霉净、井冈霉素，有的地区用粉锈宁（三唑酮）防治效果也比较理想。防白粉病要提早，尤其在群体较大或多雨潮湿的季节，药剂为粉锈宁（三唑酮）。防治赤霉病在开花期喷多菌灵至少 2 次，分别在开花初期和第一次用药后 7～10 天。同时，注意田间蚜虫、吸浆虫等虫情，及时防治，减少损失。

90. 什么是小窝密植栽培技术？

小窝密植栽培技术是在传统窝播麦基础上进

行的一系列改革，即改宽窝距为密窝距，窝行距从 23 厘米×26 厘米缩小到 10 厘米×20 厘米，每亩从 1 万窝左右提高到 3 万多窝，改每窝苗数集中为合理分布，每窝从十几苗减少到 4～7 苗，改泥土盖种为精细粪肥盖种。实践证明，小窝密植每亩一般可增产 5%～13%。

小窝密植的技术要点如下：

(1) **合理确定基本苗数和穴（丛）数** 小窝密植的适宜基本苗数，高产条件下每亩以 10 万～15 万穴（丛）为宜。如果气温较低、降雨较少、日照时数较多、穗容量高的地区，以每亩 3 万穴左右（行距 20～22 厘米，穴距 10～12 厘米）为宜，反之，以 2 万～2.5 万穴（行距 22～24 厘米，穴距 10～12 厘米）为宜。

(2) **应在土壤干湿度适宜时开穴（沟）** 穴（沟）的深度以 3～4 厘米为宜，田湿稍浅，田干稍深，盖种厚度以 2 厘米左右为宜。

(3) **施肥** 底肥中氮素化肥可混在人畜粪水中施于穴内，也可单施；过磷酸钙等磷肥可混在整细了的堆厩肥中盖种。拔节孕穗肥视苗情而定。

91. 什么是"小壮高"栽培技术?

"小壮高"栽培技术,即"小群体、壮个体、高积累"高产栽培技术的简称。采用这种技术,通过压缩群体起点,为个体创造优越的生长条件,为群体进一步挖掘生产潜力,使个体与群体的生育动态合理,分蘖穗的比例提高到60%以上,显著改善群体质量,有效增加抽穗—成熟期的生物产量,提高群体的经济产量和生产力。

"小壮高"栽培技术要点如下:

(1) **根据生产水平确定密度与播期的合理组合** 小群体,即根据生产条件改善的程度适当降低群体起点,并不是越稀越好。稀植程度还受到播期的制约。播期比当地适播期提前,可适当稀播。综合生产水平高(地力好,精细播,施肥多),可适当稀播(每亩基本苗数4万~6万);生产水平不高,应适当增加密度。

(2) **精细播种实现精苗** 精苗是优化个体与群体动态结构的起点和基础。精苗应具有以下标准:

① 精确达到计划苗数。

② 空间分布合理，行间行内分布均匀。

③ 播后 6～8 天出苗。

④ 幼苗健壮。

(3) 采用"施足基肥，攻施穗肥"促两头施肥法 基肥，氮占一生总施氮量的 60%～70%，磷占 100%，钾占 50% 左右，促进有效分蘖发生，达到早发壮苗。追肥，根据苗情，在苗期—返青期对生长弱的地段，补肥促平衡。在拔节孕穗阶段重施肥料，约占总施氮量的 20%～30%，同时在拔节初期施氯化钾每亩 10 千克左右。

92. 什么是稻田套播小麦栽培技术？

稻田套播麦（简称稻套麦、套播麦），是指在前作迟熟水稻收获前将小麦种子裸露播于稻田内，并与水稻短期共生（存），立苗后收获水稻，再进行配套管理的种麦方式，又称稻田寄种麦，是免耕小麦的方式之一。

稻田套播麦的生产优势集中在五个方面：一是资源利用优势。既有利于稻作延长自然资源利用期和产量形成期，发展优质、高产的晚熟水稻，又有利于麦作充分利用冬前资源（温、光、水等），促进麦类生育进程与季节保持优化同步而获得高产。二是季节主动优势。稻套麦不受茬口播期、土壤水分等播种条件的限制，晚茬不晚种，确保小麦适期早播，有利于早苗足苗。三是抗灾稳产优势。通过稻田后期的水管理，解决小麦播种出苗期因天气干旱造成土壤墒情不足而出苗难的问题，又可以通过稻田原有的沟系，解决秋播连阴雨导致烂耕烂种、烂籽僵苗的问题，从而克服了不利天气带来的恶劣影响，提高出苗质量，奠定产量基础，确保小麦大面积生产平衡稳产、增产。四是简化（轻型）栽培优势。与常规麦相比，稻套麦工效提高 3 倍以上，且节省土地、播种等机械与能源的投入，大幅度简化（轻化）麦作农艺流程与作业，减轻劳动强度，特别是"五机"（机喷种、机开沟、机压麦、机植保、机收脱）配套作业，省工省力幅度更大。同时种麦与收稻分开，有利于农事错开秋忙季节，合理安排与利用劳力。五是规模经营优势。

正是由于其具有以上五大优势，在一些稻区

基本实施了稻套麦种植方式。

稻田套播麦的主要栽培技术要点：

（1）播种

① 种子处理。播前用多效唑浸种，每千克种子拌 1~1.5 克 15%粉剂（或 100~150 毫克/千克稀释液），可起到矮化增蘖、控旺促壮作用，有效防止麦苗在稻棵中寡照条件下蹿高、叶片披长、苗体黄弱等现象。

② 适期套播。适期套播是稻套麦高产的关键措施之一。过早套播共生期长，易导致麦苗细长不壮；过迟套播则难以齐苗。套播期应选择在当地的最佳播期内，在确保套播麦齐苗的前提下，与水稻的共生期越短越好，最适在 7~10 天，不宜超过 15 天（1 叶 1 心）。在生产上，稻田套播麦要依水稻成熟期综合兼顾适播期与共生期的长短。

③ 适量匀播。稻套麦基本苗一般应比常规麦增加 10%~30%，并考虑地力、品种特性、共生期长短等。同时，播种时一定要保证匀度，保证田边、畦边等边角地带足苗。

（2）立苗

① 旱涝保全苗。"旱年"可采取以下应变措

施：一是割稻前灌跑马水，并预先浸种至露白，待稻田呈湿润状态时立即撒种；二是灌水后保持水层，把麦种撒下田，12 小时后把田内水放干；三是收稻后如天气晴好、气温高，必须再灌一次跑马水，而且一定要及时。"湿年"如遇连阴雨，一要开好稻田排水沟，做到雨止田干；二要适当缩短共生期；三要抢收稻子，并及时割稻离田，防止烂芽死苗。

② 套肥套药争全苗。在割稻后麦苗已处于 2 叶期，如遇天气干旱肥料难以施下，即使施下去利用率也不高，肥效也差，因此在收稻前必须套肥，一般每亩施尿素 10 千克、复合肥 15 千克。其次，稻套麦杂草发生早，收稻后再用药，草龄已大，防治效果低，在播前 1～2 天或播种时用除草剂拌细土在稻叶无露水时均匀撒于田间。部分不能用药的田，在稻子离田后 1 周左右用药防除。

③ 及早覆盖促壮苗。一般宜在收稻后齐苗期进行有机肥覆盖，3 叶 1 心前开沟覆泥。开沟一定要在墒情适宜、沟土细碎且可均匀撒开时进行。沟宽 2 米为宜，畦面覆土厚度 2 厘米左右。

（3）管理

① 高效施肥。增磷补钾，合理施氮。首先确保"胎里富"；其次及早追施壮蘖肥，做到基肥不足苗肥补；第三重施拔节孕穗肥。上述三次氮肥的施用比例为（3～4）：（2～3）：4。

② 三沟配套，抗旱防湿降渍。

③ 及时防治病虫草害。

（4）抗逆

① 防冻。冻后及早增施速效恢复肥。

② 防衰。稻套麦根系分布浅，后期易早衰，除了保证覆土的厚度和增加后期的肥料外，结合防治病虫，叶面喷施化学肥料或化学制剂。

③ 防倒。稻套麦如果播种技术不过关，易导致群体偏大，再加上根系分布浅，后期易发生倒伏。防倒措施：一是增加覆土的厚度；二是药剂拌种或于麦苗倒 5 叶末至倒 4 叶初喷施植物生长延缓剂；三是对旺长的田块及时进行机压麦。

93. 什么是小麦垄作栽培技术？

垄作栽培技术是将原本平整的土壤用机械起

垄开沟，把土壤表面变为垄沟相间的波浪形，垄体宽 40～45 厘米，高 17～20 厘米，沟宽 35～40 厘米（上口），垄体中线到下一个垄体中线 80～85 厘米，在垄上种 3 行小麦，行距 15 厘米（图 21）。小麦收获前沟内可套种玉米。

图 21　垄作栽培的麦田（王法宏　提供）

小麦垄作栽培有以下优点：

① 改变了灌溉方式。由传统平作的大水漫灌改为垄沟内小水渗灌。据山东省农业科学院在青州试点调查表明，平作的麦田平均每亩每次灌溉需用水 60 立方米，1 立方米水可生产 1～1.2 千克

小麦，而垄作栽培只需要 36 立方米，每立方米水可生产 1.8~2 千克小麦，水分利用率可提高 40% 左右，垄作栽培比平作节水 30%~40%，而且小水渗灌避免了土壤板结，增加了土壤的通透性，为小麦根系生长和微生物活动创造了条件，使次生根发生较多，根系比较发达，分蘖也比较多，而且比较粗壮。

② 改进了施肥方法。由传统的表面撒施肥改为垄沟内集中施肥，相对增加了施肥深度，可达到 15~18 厘米，提高化肥利用率 10%~15%。

③ 通风透光，充分发挥边行优势。由于每个垄体只种 3 行小麦，充分发挥了小麦的边行优势，促进小麦的个体发育，使小麦基部粗壮，茎秆健壮，抗倒和抗病能力增强。垄作栽培有利于田间通风透光，改善小麦冠层小气候条件，尤其在生长中后期这种效果更为明显，可促进植株光合作用和籽粒灌浆，使穗粒数增加，千粒重提高。

④ 便于套作玉米，提高全年产量。垄作为麦田套种玉米创造了有利条件，小麦种在垄上，玉米种在垄底，既改善了玉米生长条件，又便于玉米中后期田间管理，有利于提高单位面积全年

产量。

小麦垄作栽培需要配备垄作播种机，通过农机与农艺相结合措施，才能更好地发挥小麦垄作栽培技术的优越性。

94. 主产麦区优质高产栽培技术规程是什么？

合理的栽培措施可使不同品种不同程度提高产量和改善品质，而同一品种即使是优质品种，在不同地区、不同生态环境、不同肥力土壤条件及采用不同栽培措施，其产量和品质指标均有很大差异。因此，优化栽培技术对改善小麦的营养品质和加工品质以及提高产量都有重要作用。

（1）高标准种好优质小麦

① 施足底肥，创造优质栽培的地力基础。充足的底肥对小麦苗期生长至关重要，对小麦全生育期的养分供应都有作用。底肥中应增加有机肥施用，有机肥可改善土壤结构，有利于小麦根系生长，并可提高土壤保肥保水能力，同时要注意平衡施肥，根据土壤养分情况适当进行氮、磷、

钾化肥及其他必需营养元素肥料配合施用，并应注意经济用肥，以充分发挥肥效。对于中高产指标的麦田，推荐底肥的施肥量为每亩施纯氮 8～9 千克，五氧化二磷 10～12 千克，氧化钾 8～10 千克（根据所施化肥品种的有效含量折算），并适当施用锌肥和硼肥。根据条件可分层施肥，即表层施用计划施用量的 1/2，然后翻耕，再表施另外 1/2，浅耙。也可随有机肥表层一次施入，然后翻耕入土，打好优质栽培的肥力基础。

②精细整地，改善优质栽培的土壤条件。首先要进行深耕，彻底改变只施不耕、耕层过浅的现象，提倡耕后深松，打破犁底层，加深耕作层，改善土壤通气性，增强土壤保水保肥性能，促进土壤微生物活动和土壤养分转化。有利于根系向纵深发展，促进植株对水分和养分的吸收。因此，应提倡深耕深松，确保耕深在 20 厘米以上，耕后精细整地，在减轻农民劳动强度的同时，提倡使用配套机械作业，耕、松、耙、平、作畦一条龙。耕后播前要保证土地平整，土壤疏松细碎干净（无较大作物根茎）、足墒、渠系配套。在秋季干旱年份，耕前要浇水造墒，适墒时再耕地整地，

以保证播前整地质量，创造优质栽培土壤环境。小麦前茬为玉米的田块，玉米收获后秸秆就地粉碎还田，对增加土壤有机质、改善土壤结构十分有利，有条件的地区应大力推广应用，但要注意秸秆还田的地块要及时进行镇压，以保证种床沉实，有利出全苗和幼苗生长。

③ 选用优质高产品种，发挥品种的产量潜力和品质优势。优质高产抗逆品种是小麦获得优质高产的内在条件和基础。创造了播种条件，还必须选用优质良种，才能充分发挥内因的作用。近年来国内已经出现一些优质高产良种，多数品质较好，有些优质品种适应性及丰产性还有待进一步改良。针对选用的优质高产品种的特点，还要良种良法配套，才能充分发挥优势、克服缺点，实现优质高产稳产。

④ 因地制宜，适时播种，合理密植，提高播种质量。各地冬小麦播种时期有很大差异，但都有一个适宜播种期，一般应掌握在日平均气温17 ℃左右播种，合理密植的目标是要合理调整麦田群体和个体的关系，使之能充分利用光能和地力，实现苗壮、穗足、穗大，获得高产。播种密

度还要根据品种的分蘖成穗特性而定，一般分蘖成穗率低的大穗型品种可适当增加播量，多穗型品种应充分利用优势蘖组成穗。在生产实践中，适期播种亩基本苗可以掌握在 12 万左右，充分利用主茎和 1 级分蘖的 1、2、3 蘖成穗。播种密度还要根据播种时期、土壤肥力进行调整，早播适当减少播量，晚播适当增加播量，一般若晚于适播期时，晚播一天每亩增加 1 万基本苗；土壤肥力较差时也可适当增加播种量。

种子质量对于出苗有重要影响，因此播前应晒种，用清选机清选，也可以用人工筛选，去除秕子、病粒、碎粒及杂质等。用粒大籽饱的种子播种。播前还应进行药剂拌种，或播包衣种子，以防治地下害虫。播种之前还应进行种子发芽试验，以了解其发芽势和发芽率，根据种子发芽情况确定播种量。

提高播种技术是保证播种质量的关键环节，要做到下籽均匀，深浅一致，才能出苗整齐。小麦播种的适宜深度一般为 3～5 厘米。过浅，会使种子落干，影响出苗，且易使分蘖节入土较浅，越冬时易受冻害；过深，出苗迟，出土过程消耗

第三讲 / 小麦高产优质生产技术 /

种子养分多，苗弱，分蘖晚，分蘖少，次生根少，生长不良。同时，注意播种行距适当，覆土良好，适当镇压，使种子与土壤紧密接触，以有利于种子吸水发芽。

(2) 加强冬前及越冬期管理

① 及早查苗、补苗（补种），消灭断垄，保证全苗。小麦出苗后，应及时查苗，发现缺苗断垄应及早补齐，在1叶期到2叶期发现缺苗时可以补种，3叶期以后发现缺苗可以疏密补稀，补苗后压实土壤，及时浇水，力保成活，尤其埂边、地头要注意疏苗、补苗，消灭疙瘩苗，补齐漏播地。保证全田苗匀苗齐。

② 及时除草治虫。冬前应注意防除麦田杂草，尤其在黄淮麦区，由于气温较高，麦田杂草生长较快，应及时进行人工或化学除草，以防止杂草与麦苗争夺营养，保证麦苗正常生长，并可消灭一些害虫的寄主，减少害虫发生。在田边杂草较多时，容易发生灰飞虱和叶蝉危害麦叶，并传播病害，发现麦叶有害虫咬食的白斑，应及时喷药，以减轻危害和传毒。

③ 及时浇好越冬水。可根据土壤墒情决定是

否需要浇越冬水。一般播种前浇足底墒水，越冬时土墒良好；冬前有较多降水时，可不浇越冬水。否则应及时浇好越冬水，以改善土壤水分条件，平抑地温变化，有利于麦苗越冬长根，保暖防冻，安全越冬。浇越冬水也为翌春麦苗生长创造了有利条件，有利于春季麦田管理。冬灌要适时，一般在"昼消夜冻"时进行，即平均温度在 0～3 ℃时为宜。冬灌后要适时中耕松土，避免土壤板结。

④ 冬季镇压，保墒提温。浇过水的麦田冬季要适时镇压，可以防止或减轻麦田龟裂，减轻寒风飕根造成的冻害死苗，还可保墒保温。冬季镇压是保证小麦安全越冬的有效措施。

(3) 抓好春季管理

① 早春管理以中耕松土为主，保温提墒，促苗早发。早春小麦返青前后，小麦生长的主要限制因素是气温较低，此时不要急于浇水，过早浇水会使地温降低，不利小麦生长，而应以中耕松土为主进行管理，以提高地温，减少墒情损失，促苗早发稳长。

② 推迟春水，蹲苗壮长。对于一般中等肥力的麦田，总茎数每亩低于 80 万时，可以在返青后

蹲苗 20 天左右，待小麦春生 2 叶露尖前后，再浇水追肥。而对于土壤肥力较高、麦苗苗壮、总茎数大于 80 万的麦田，可在返青后蹲苗 40～50 天，待小麦春 5 叶或旗叶露尖前后再浇水追肥。这样可使基部节间缩短，有利于防止倒伏。

③ 化控降秆防倒。对于植株较高的品种，可在小麦起身期适当进行化学调控。目前常用的植株生长延缓剂有很多种，无论使用何种药剂，均应按照说明严格掌握剂量和喷药时期，并要注意喷洒均匀，防止药害。一般在起身期合理施用植物生长延缓剂可降低株高 5～10 厘米，并使其茎秆粗壮，有利于防止倒伏。

④ 重施拔节肥水，促穗增粒。拔节期是小麦生长需水需肥的关键时期，此期重施肥水对促进小麦分蘖成穗和增加穗粒数十分有效，一般可掌握在小麦计划总施氮量的 40%～50%。具体用量可根据土壤肥力、底肥情况和苗情而定，推荐施肥量为每亩施尿素 15～20 千克；具体时期掌握在春 5 叶或旗叶露尖前后。

⑤ 轻补开花肥水，促粒增重。开花灌浆期小麦仍需较多的肥料供应，此期结合浇水适当施少

量尿素有利于提高粒重和品质，一般可掌握每亩施尿素 3～5 千克。

⑥ 及时防治病虫草害。防治病虫草害对获取小麦丰收十分重要。各地麦区发生较普遍的是白粉病，在植株密度较大、肥水充足、阴天寡日、光照不足条件下易发生此病，一般在拔节后期至抽穗期发病，发现病情应及时防治。抽穗至灌浆期是蚜虫危害的重要时期，此期要注意观察蚜虫发生情况，一般在百株蚜虫量超过 500 头时即可喷药防治。纹枯病近年在黄淮麦区发生较重，亦应给予重视，早春发现病情，及时喷药防治。

（4）做好后期管理，确保丰产优质

① 做好一喷三防。在抽穗至籽粒灌浆的生长后期，在叶面喷施杀菌剂、杀虫剂、植物生长调节剂、叶面肥等混配液，通过叶面喷施达到防病、防虫、防早衰的目的，实现增粒增重的效果。特别要注意严格控制病虫草害，努力减轻损失。

② 田间去杂，保证种子和优质商品粮纯度和质量。种植优质小麦应建立种子田，麦收之前严格进行田间去杂去劣，以保证种子纯度。优质商品粮生产田要防止非优质专用小麦混杂，以保证

产品质量。

③ 预防干热风、烂场雨，确保丰产丰收。干热风在小麦主产区时有发生，特别是黄淮冬麦区、北部冬麦区及新疆冬春麦区，历年都有不同程度的干热风危害，需及早采取预防措施。小麦适时收获时期为蜡熟末期，此时穗下节间呈金黄色，籽粒已全部转黄，内部呈蜡质状，含水量25%左右。过早收获，灌浆不充分，籽粒不饱满，产量低；过晚收获，粒重降低，且易落粒，若遇雨，易出现穗发芽，降低品质。收获时一定要防止机械混杂，收优质专用小麦之前，一定要认真清理收割机，晾晒过程中也要防止混杂，单收、单晒、单入库，以保证优质专用小麦的营养品质、加工品质和商业品质。麦收期间注意天气变化，及时收获，躲避烂场雨，确保丰产丰收。

95. 什么是小麦化学调控技术？

小麦化学调控技术是指运用植物生长调节剂促进或控制小麦生理代谢功能和生长发育进程的技术。通过合理的化学调控，使小麦的生长发育朝着人们预期的目标发生变化，从而提高小麦产量或改善品质。这种调控作用主要体现在三个方面：一是增强小麦优质、高产性状的表达，充分发挥良种的潜力，如增加有效分蘖，促进根系生长，降低株高，矮化茎秆，延缓叶片衰老，增加叶绿素含量，提高光合作用，促进籽粒灌浆，提高结实率和粒重，促进早熟等。二是塑造合理的株型和群体结构，协调器官间生长关系。三是增强小麦的抗逆性，有效增强作物的抗寒、抗旱和抗病性等。目前生产上应用的植物生长调节剂主要有三种类型：一是植物激素类似物，二是植物生长延缓剂，三是植物生长抑制剂。在小麦生产中应用最多的是植物生长延缓剂，主要是降低株高，防止倒伏。

第四讲
麦田常见病虫草害防治技术

96. 小麦锈病有什么特点？怎样防治？

小麦锈病俗称黄疸病，根据发病部位和病斑形状又分为条锈、叶锈和秆锈三种。小麦锈病在全国主要麦区均有不同程度发生，轻者麦粒不饱满，重者植株枯死，不能抽穗，历史上曾给小麦生产造成重大损失，一般发病越早损失越重。

（1）**症状识别** "条锈成行叶锈乱，秆锈是个短褐斑"，这是三种锈病的典型特征。条锈主要发生在叶片上，叶鞘、茎秆和穗部也可发病，初期在病部出现褪绿斑点，以后形成黄色粉疱，即夏孢子堆，呈长椭圆形，与叶脉平行排列成条状；后期长出黑色、狭长形、埋伏于表皮下的条状疱斑，即冬孢子堆。叶锈病初期出现褪绿斑，后出现红褐色粉疱（夏孢子堆），在叶片上不规则散生；后期在叶背面和茎秆上长出黑色椭圆形、埋于表皮下的冬孢子堆。秆锈危害部位以茎秆和叶鞘为主，也可危害叶片及穗部。夏孢子堆较大，长椭圆形至狭长形，红褐色，不规则散生，常合成大斑；后期病部长出黑色、长椭圆形至狭长形、散生、突破表皮、呈粉疱状的冬孢子堆。

（2）**发病规律** 病菌主要以夏孢子和菌丝体在小麦和禾本科杂草上越夏和越冬。越夏病菌可使秋苗发病。春季，越冬病菌直接侵害小麦或靠气流从远方传来病菌，使小麦发病；发病轻重与品种有密切关系，易感病的品种发病较重。春季气温偏高和多雨年份，植株密度较大，以及越冬病菌量或外来病菌较多时，易发生锈病流行。

（3）**防治措施** 一是选用抗（耐、避）病品种。二是药剂拌种。用粉锈宁按种子重量0.03%的有效成分拌种，或12.5%特谱唑按种子量0.12%的有效成分拌种。三是叶面喷药。发病初期每亩用20%粉锈宁乳油30～50毫升或12.5%特谱唑15～30克，对水均匀喷雾。

97. 小麦白粉病有什么特点？怎样防治？

小麦白粉病在全国各类麦区均有发生，尤其在高产麦区。由于植株生长量大、密度高，在田间湿度大时，白粉病更易发生。目前在小麦产量有较大提高的同时，白粉病已上升为小麦的主要病害。发病后，光合作用受影响，造成穗粒数减少，粒重降低，特别严重时可造成小麦绝产。

（1）**症状识别**　发病初期叶片出现白色霉点，逐渐扩大成圆形或椭圆形的病斑，上面长出白粉状霉层（分生孢子），后变成灰白色至淡褐色，后期在霉层中散生黑色小粒（子囊壳），最后病叶逐渐变黄褐色而枯死。

（2）**发病规律**　病菌（子囊壳）在被害残株上越冬。春天放出大量病菌（子囊孢子）侵害麦苗，之后在被害植株上大量繁殖病菌（分生孢子），借风传播再次侵害健株。小麦白粉病在0～25℃条件下均能发展，在此范围内随温度升高发展速度快；湿度大有利于孢子萌发和侵入；植株群体大，阴天寡照，氮肥过多时有利于病害发生发展。

（3）**防治措施**　一是选用抗病品种。二是适当控制群体、合理肥水促控、健株栽培、提高植株抗病力。三是药剂防治。用粉锈宁按种子量0.03%的有效成分拌种，可有效控制苗期白粉病，并可兼治锈病、纹枯病和黑穗病等病害；也可每亩用粉锈宁有效成分7～10克，对水喷雾。

98. 小麦纹枯病有什么特点？怎样防治？

小麦纹枯病在我国冬麦区普遍发生，主要引起穗粒数减少，千粒重降低，还可引起倒伏或形成白穗等，严重影响产量。

（1）**病状识别**　叶鞘上病斑为中间灰白色、边缘浅褐色的云纹斑，病斑扩大连片形成花秆。茎秆上病斑呈梭形、纵裂，病斑扩大连片形成烂茎，不能抽穗，或形成枯白穗，结实少，籽粒秕瘦。

（2）**发病规律**　病菌以菌核在土壤中或菌丝

在土壤中的病残体上存活，成为初侵染源。小麦群体过大、肥水施用过多特别是氮肥过多、田间湿度大时，病害容易发生蔓延。

（3）**防治措施** 一是选用抗病性较好的品种。二是控制适当群体，合理肥水促控，适当增施有机肥和磷钾肥，促进植株健壮，提高抗病力，并及时除草。三是药剂拌种。用50％利克菌以种子重量的0.3％或20％粉锈宁以种子重量的0.15％、33％纹霉净以种子重量0.2％的药量拌种。四是药剂喷雾。每亩用50％井冈霉素100～150克或20％粉锈宁40～50毫升、50％扑海因300倍液均匀喷雾，防治2次可控制病害，拌种结合早春药剂喷雾防治效果更好。

99. 小麦赤霉病有什么特点？怎样防治？

小麦赤霉病俗称烂麦穗头，在全国各类麦区均可发生，但一般在南方麦区发生较重，北方较轻。一般流行年份可造成严重减产，且病麦对人畜有毒，严重影响面粉品质和食用价值。

(1) 症状识别 此病苗期到穗期都有发生，可引起苗枯、基腐、穗腐和秆腐等症状，其中以穗腐危害最大。穗腐：小麦在抽穗扬花期受病菌侵染，先在个别小穗上发病，后沿主穗轴向上向下扩展至邻近小穗，病部出现水渍状淡褐色病斑，逐渐扩大成枯黄色病斑，后生成粉红色霉层（分生孢子），后期出现黑色颗粒（子囊壳）。秆腐：初期在旗叶的叶鞘基部变成棕褐色，后扩展到节部，上面出现红色霉层，病株易折断。苗枯：幼苗受害后芽鞘与根变褐枯死。基腐：从幼苗出土到成熟均可发生，初期茎基部变褐变软腐，以后凹缩，最后麦株枯萎死亡。

(2) 发病规律 小麦赤霉病菌在土表的秸秆残茬上越冬。春季形成子囊壳，产生子囊孢子，经气流传播至小麦植株。病害发生受天气影响很大，在有大量菌源存在条件下，小麦抽穗至扬花期遇到天气闷热、连续阴雨或潮湿多雾，容易造成病害流行。

(3) 防治措施 一是选用抗病品种。二是药剂防治。主要药剂有多·酮（多菌灵和三唑酮配剂）、戊唑醇、氰烯菌酯等。在小麦齐穗期选用上述药剂对水均匀喷洒于小麦穗部，一般在第一次用药一周后，再喷药一次。

100. 麦蚜有什么特点？怎样防治？

麦蚜在全世界都有分布，可危害多种禾本科作物。从小麦苗期到乳熟期都可危害，刺吸小麦汁液，造成严重减产，麦蚜还可传播小麦黄矮病病毒。麦蚜可分为麦长管蚜（在全国主要麦区均有发生）、麦二叉蚜（主要分布在北方冬麦区）、禾缢管蚜（主要分布在华北、东北、华南、西南各麦区）和麦无网长管蚜（主要分布在河北、河南、宁夏、云南等地）四种，是小麦的主要害虫。

(1) 形态特征

① 麦长管蚜：成蚜椭圆形，体长 1.6～2.1 毫米，无翅雌蚜和有翅雌蚜体淡绿色、绿色或橘黄色，腹部背面有 2 列深褐色小斑，腹管长圆筒形，长 0.48 毫米，触角比体长，又有"长须蚜"之称。

② 麦二叉蚜：成蚜椭圆形或卵圆形，体长 1.5～1.8 毫米，无翅雌蚜和有翅雌蚜体均为淡绿

色或绿色，腹部中央有一深绿色纵纹，腹管圆筒形，长 0.25 毫米，触角比体短，有翅雌蚜的前翅中脉分为二叉，故称"二叉蚜"。

③ 缢管蚜：成蚜卵圆形，体长 1.4～1.6 毫米，腹部深绿色，腹管短圆筒形，长 0.24 毫米，触角比体短，约为体长的 2/3，有翅雌蚜的前翅中脉分支 2 次，分叉较小。

④ 麦无网长管蚜：成蚜长椭圆形，体长 2.0～2.4 毫米，腹部白绿色或淡赤色，腹管长圆形，长 0.42 毫米，翅脉中脉分支 2 次，分叉大，触角为体长的 3/4。

(2) 发生规律　麦蚜在温暖地区可全年孤雌生殖，不发生有性蚜世代，表现为不全周期型；在北方则为全生活周期型。从北到南一年可发生 10～30 代。小麦出苗后，麦蚜即可迁入麦田危害，到小麦灌浆期是麦田蚜虫数量最多、危害和损失最重的时期。蜡熟期产生大量有翅蚜飞离麦田，秋播麦苗出土后又迁入麦田危害。

(3) 防治措施

① 防治标准：在小麦扬花灌浆初期百株蚜量超过 500 头、天敌与麦蚜比在 1：150 以下时，应

及时喷药防治。

② 药剂防治：每亩用 90％万灵粉 10 克或 40％乐果乳油 40 毫升、2.5％敌杀死乳油 10 毫升，对水 50 千克，均匀喷雾。

101. 小麦吸浆虫有什么特点？怎样防治？

小麦吸浆虫分为麦红吸浆虫和麦黄吸浆虫两种。麦红吸浆虫主要分布在黄淮流域以及长江、汉水和嘉陵江沿岸麦区；麦黄吸浆虫主要发生在甘、青、宁、川、黔等省、自治区高寒、冷凉地带。小麦吸浆虫是一种毁灭性害虫，可造成小麦严重减产。

(1) 形态特征 麦红吸浆虫成虫体橘红色、密被细毛，体长 2～2.5 毫米，触角基部两节橙黄色，细长，14 节，念珠状，各节具两圈刚毛；足细长，前翅卵圆形，透明，翅脉 4 条，后翅为平衡棒，腹部 9 节。幼虫长 2.5～3 毫米，长椭圆形，无足，蛆状。麦黄吸浆虫成虫体鲜黄色，其他特征与麦红吸浆虫相似。

（2）**发生规律**　两种吸浆虫多数一年 1 代，也有一年多代，以幼虫在土中做茧越夏、越冬，翌春由深土层向表土移动，遇高湿则化蛹羽化，抽穗期为羽化高峰期。羽化后，成虫当日交配，当日或次日产卵。麦红吸浆虫卵只产在未扬花麦穗或小穗上，扬花后不再产卵。麦黄吸浆虫主要选择在初抽麦穗上产卵。吸浆虫的幼虫由内外颖结合处钻入颖壳，以口器锉破麦粒果皮吸取浆液。小麦接近成熟时即爬到颖壳外或麦芒上，随雨滴、露水弹落入土越夏、越冬。

（3）**防治措施**　一是选用抗虫品种。二是在重发区实行轮作倒茬。三是药剂防治。在小麦抽穗时，成虫羽化出土或飞到穗上产卵时结合治蚜喷撒甲敌粉，也可用 40％乐果乳油或 50％辛硫磷乳油或 80％敌敌畏乳油 2 000 倍液、20％杀灭菊酯乳油 4 000 倍液喷雾防治。

102. 金针虫有什么特点？怎样防治？

金针虫为叩头虫的幼虫，属多食性地下害虫，俗称铁丝虫、姜虫子，成虫俗称叩头虫。我国主要有 3 种危害最重：沟金针虫、细胸金针虫和褐纹金针虫。金针虫可危害多种作物（禾本科、薯类、豆类及棉麻果菜等），幼虫咬食种子、幼苗、幼根（被害部位呈不规则丝状）、块根、块茎等。沟金针虫在我国分布范围较广，但北方较南方重。

（1）形态特征

沟金针虫：成虫体长 14～18 毫米，宽 3～5 毫米，雌虫较粗壮，雄虫较细长，棕褐色至深褐色，密被细毛，前胸背板半球状隆起，后角尖锐，后翅退化，鞘翅纵列不明显，老熟幼虫长约 20～30 毫米，身体扁平，多金黄色，体背中央有一细纵沟，臀节背面斜截形，密布粗刻点，末端分叉，内侧有一对齿状突起。

细胸金针虫：成虫体长 8～9 毫米，宽 2.5 毫米，暗褐色或黄褐色，密生黄茸毛，前胸背板略呈圆形，后角尖锐略向上翘，鞘翅狭长，每翅有 9 条纵列刻点。老熟幼虫体长 23 毫米左右，淡黄色，细长圆筒形，有光泽，臀节圆锥形，背面近基部有一对圆形褐斑，下有 4 条褐纵线，末端不分叉。

褐纹金针虫：成虫体长 9 毫米左右，宽 3 毫米，呈茶褐色，鞘翅上各有9条明显纵列刻点。幼虫体长25毫米左右，茶褐色，末端不分叉，但尖端有3个齿状突起。

三种金针虫的成虫均有叩头习性、假死性及趋光性，且对腐烂植株残体有趋性。

(2) 发生规律

沟金针虫：三年完成1代，以成虫和幼虫在土中做土室越冬。老熟幼虫8月化蛹，9月羽化，当年在原蛹室内越冬；越冬成虫3月出土，5月产卵于土下3～7厘米处，孵化后即开始危害，9月进入第二次危害高峰，11月开始越冬；越冬幼虫次年3～5月是危害盛期，可危害冬麦及春播作物种子及幼苗，9月再次进入危害高峰，危害秋播及大秋作物，幼虫在10厘米土温10～18℃时危害最盛，11月开始越冬。在有机质含量较少的土质疏松的沙土地较严重（土壤湿度约15％～18％），该虫6～8月有越夏现象。

细胸金针虫：多为两年1代，以成虫和幼虫在土中越冬（深约30～40厘米），越冬成虫3月开始出土活动，5月为产卵高峰期，孵出的幼虫随即开始危害作物，6月进入越夏期，9月又开始进入危害盛期，10～11月开始越冬。越冬幼虫3～5月进入危害高峰期，7月为化蛹期，8月羽化后原地越冬。幼虫较耐低温，10厘米深土温7～12℃为危害盛期，超过17℃即停止危害。春季危害早，秋季越冬迟。喜欢在有机质丰富的较湿的黏土地块生活（土壤湿度约20％～25％）。成虫对新鲜枯萎草堆有强烈趋性，故可进行诱杀。此虫也有越夏现象。

褐纹金针虫：约三年完成1代，以幼虫和成虫越冬。越冬成虫5月开始危害，6月产卵，当年的幼虫即以3龄越冬，9月为第一次危害高峰。越冬幼虫3月即开始危害，9月为第二次危害盛期，第三年的7、8月化蛹、羽化越冬。该虫适于高湿区（土壤湿度20％～25％），常与细胸金针虫混合发生，主要分布在西北、华北等地。

（3）**防治措施** 一是农业措施，可与棉花、油菜等金针虫不太喜欢的作物进行轮作；二是诱杀成虫，用新鲜草堆拌1.5％乐果粉进行诱杀，也可用黑光灯诱杀；三是药剂防治，若每平方米有虫4～5头即应防治，方法参照蛴螬防治方法。

103. 蛴螬有什么特点？怎样防治？

蛴螬俗称地蚕，是多种金龟子的幼虫，在地下害虫中种类最多，危害最重，分布最广。我国的主要危害种类为铜绿丽金龟、大黑鳃金龟、暗黑鳃金龟及黄褐丽金龟，其食性很杂，可危害几乎所有的大田作物、蔬菜、果树等。幼虫主要咬食种子、幼苗、根茎及地下块茎、果实。成虫则危害豆类等作物及果树的叶片、花等组织。

(1) 形态特征

① 铜绿丽金龟：成虫体长 16～22 毫米，宽 8～12 毫米，背部有铜绿光泽，并密布小刻点，腹面黄褐色，背部有两条纵肋。幼虫共 3 龄，老熟幼虫体长 30～33 毫米，体色污白，呈 C 形，头部前顶每侧 6～8 根刚毛，排成一列，肛门横裂型，肛腹板刚毛群中有 2 列平行的刺毛列，每列 15～18 根。

② 大黑鳃金龟：成虫体长 17～22 毫米，长椭圆形，黑褐色或深黑色，有光泽，鞘翅有 3 条明显纵肋，两翅合缝处也呈纵隆起，体末端较钝圆，

幼虫乳白色，共 3 龄，老熟幼虫体长 40 毫米左右，头部橘黄色，前顶刚毛每侧 3 根，体弯曲成 C 形，肛腹板仅有钩状刚毛群，无刺毛列，肛门三裂型。

③ 暗黑鳃金龟：成虫与大黑鳃金龟色相似，区别在于体无光泽，却密被细毛，鞘翅 4 条纵肋不明显，体末端有棱边，幼虫区别在于头部前顶刚毛每侧 1 根。

④ 黄褐丽金龟：成虫体长 12～17 毫米，长卵形，背赤褐色或黄褐色，有光泽，鞘翅上具有 3 条不明显纵肋，密生刻点。幼虫体长 25～35 毫米，呈 C 形，乳白色，头部前顶刚毛每侧 5～6 根，排成纵列。

(2) 发生规律 大黑鳃金龟两年发生 1 代，以成虫和幼虫在土中隔年交替越冬。华北地区成虫 4～5 月出土危害，幼虫孵化后危害夏播作物或春播作物根系及块茎、果实，8 月以后危害加重，秋收后还可继续危害冬麦，后潜入深层土越冬。越冬幼虫出土后则危害春播作物种子、幼苗及冬麦苗，5～6 月入土做土室化蛹，7 月为羽化期，之后刚羽化的成虫原地越冬。

铜绿丽金龟、暗黑鳃金龟、黄褐丽金龟均一年发生1代，多以3龄幼虫在土中越冬，开春上升危害，4～5月是危害盛期，5月开始化蛹，6～7月为羽化盛期，随即大量产卵，8月进入3龄盛期，严重危害各种大秋作物及冬麦，9～10月开始下移准备越冬。

金龟子多昼伏夜出，有强趋光性及假死性。还对未腐熟的厩肥及腐烂有机物有强趋性，幼虫在土中水平移动少，多因地温上下垂直移动。

（3）**防治措施**　主要以化学防治为主。

药剂防治：用50%辛硫磷乳油按种子重量的0.2%拌种，或用25%辛硫磷胶囊剂包衣。也可进行土壤处理，在播种前将辛硫磷均匀喷撒地面，然后翻耕，或将辛硫磷颗粒与种子混播。生长期喷药、喷根，可用2.5%敌百虫粉剂，每亩约2千克喷施，能有效防治成虫；还可用毒土撒施于行间，能防治幼虫及成虫（参照蝼蛄防治）。

诱杀成虫：可用黑光灯、未腐熟的厩肥（置于地边）诱杀成虫，能减少虫口及次年虫源。

104. 常见麦田阔叶杂草有哪些? 怎样防除?

麦田杂草在我国有 200 余种,以一年生杂草为主,有少数多年生杂草。麦田杂草主要分为阔叶杂草和禾本科杂草两大类,除人工(或机械)锄草外,主要采用化学除草。

常见的麦田阔叶杂草有马齿苋、猪殃殃、小蓟(刺儿菜)、荠菜、米瓦罐、苣荬菜、葎草(拉拉秧)、苍耳、播娘蒿、酸模、叶蓼、田旋花、反枝苋、凹头苋、打碗花、苦苣菜等,用于麦田防除阔叶杂草的除草剂有 2,4-滴丁酯、二甲四氯、苯达松、巨星、百草敌、使它隆、西草净、溴草腈、碘苯腈等。

(1)巨星 在小麦 2 叶期至拔节期均可施药,以杂草生长旺盛期(3~4 叶期)施药防效最好。每亩用 75%巨星干悬剂 0.9~1.4 克,对水 30~50 千克均匀喷雾,施药 10~30 天能见效。

(2)2,4-滴丁酯 在小麦 4 叶至分蘖末期施药较为安全。若施药过晚,易产生药害,致麦穗畸形而减产。每亩用 72％的 2，4 -滴丁酯乳油 40～50 毫升，对水 50 千克均匀喷雾。注意在气温 达 18 ℃以上的晴天喷药除草效果较好。

（3）**二甲四氯** 对麦类作物较为安全，一般 分蘖末期以前喷药为适期，每亩用 70％二甲四氯 钠盐 55～85 克，或用 20％二甲四氯水剂200～300 毫升，对水 30～50 千克均匀喷雾，在无风晴天喷 药效果好。

（4）**百草敌** 在小麦拔节前喷药，每亩用 48％百草敌水剂 20～30 毫升，对水 40 千克均匀喷 雾，晴天气温高时喷药，药效快，防效高。拔节 后禁止使用百草敌，以防产生药害。

（5）**苯达松（排草丹）** 在麦田任何时期均 可使用，每亩用 48％苯达松水剂 130～180 毫升， 对水 30 千克均匀喷雾，气温高、土壤墒情好时施 药效果好。

105. 常见麦田禾本科杂草有哪些？怎样防除？

常见麦田禾本科杂草有野燕麦、看麦娘、稗

草、狗尾草、硬草、马唐、牛筋草等。常用麦田
防除禾本科杂草的除草剂有骠马、禾草灵、新燕
灵、燕麦畏、杀草丹、禾大壮、燕麦敌、青燕灵、
野燕枯等。

（1）**骠马** 是一种除草活性很高的选择性内
吸型茎叶处理剂，对小麦使用安全。在小麦生长
期间喷药防治禾本科杂草，每亩用 69％骠马乳剂
40～60 毫升，或 10％骠马乳油 30～40 毫升，对水
30 千克均匀喷雾，可有效控制禾本科杂草危害。

（2）**禾草灵** 在麦田每亩用 36％禾草灵乳油
130～180 毫升，对水 30 千克叶面喷雾防治禾本科
杂草。

（3）**新燕灵** 主要用于防除野燕麦。在野燕
麦分蘖至第一节出现期，每亩用 20％新燕灵乳
油 250～350 毫升，对水 30 千克，茎叶喷雾
防治。

（4）**杀草丹** 可在小麦播种后出苗前每亩用
50％杀草丹乳油 100～150 毫升，加 25％绿麦隆
120～200 克，或用 50％杀草丹乳油和 48％拉索乳
油各 100 毫升，混合后对水 30 千克，均匀喷洒地
面。也可在禾本科杂草 2 叶期每亩用 50％杀草丹

乳油 250 毫升，对水 30 千克喷雾。此外，可适时进行人工或机械锄草。

106. 阔叶杂草和禾本科杂草混生怎样防除？

绿麦隆、异丙隆、利谷隆、扑草净和禾田净等对多数阔叶杂草和部分禾本科杂草有较好的防除效果。

(1) **绿麦隆** 在小麦播后苗前每亩用 25％绿麦隆 200～300 克，对水 30 千克，地表喷雾或拌土撒施，麦田若以硬草和棒头草为主，每亩用 25％绿麦隆 150 克，加 48％氟乐灵 50 克，均匀地面喷雾。

(2) **扑草净** 在小麦播后苗前每亩用 50％扑草净 75～100 克，对水 30 千克，地表喷雾。干旱地区施药后浅耙混土 1～2 厘米，可提高除草效果。

(3) **利谷隆** 在小麦播后苗前每亩用 50％利谷隆 100～130 克，对水 30 千克，均匀喷雾，并浅混土。

107. 化学除草应注意哪些问题？

采用化学除草技术，既要高效杀死杂草，又要保证不伤害小麦，还要考虑不影响下茬作物。

（1）**准确选择药剂** 首先要根据当地主要杂草种类选择对应有效的除草剂；其次是根据当地耕作制度选择除草剂；另外，还要不定期地交替轮换使用杀草机制和杀草谱不同的除草剂品种，以避免长期单一使用除草剂致使杂草产生耐药性，或优势杂草被控制了但耐药性杂草逐年增多，由次要杂草上升为主要杂草而造成损失。

（2）**严格掌握用药量和用药时期** 一般除草剂都有经过试验后提出的适宜用量和时期，应严格掌握，切不可随意加大药量，或错过有效安全施药期。

（3）**注意施药时的气温** 所有除草剂都是气温较高时施药才有利于药效的充分发挥，但在气温 30 ℃以上时施药，有出现药害的可能性。

（4）**保证适宜湿度** 土壤湿度是影响药效的重要因素。苗前施药若土层湿度大，易形成严密的药土封杀层，且杂草种子发芽出土快，因此防效好。生长期土壤墒情好，杂草生长旺盛，利于杂草对除草剂的吸收和在体内运转，药效快，防效好。因此，应注意在土壤墒情好时使用化学除草剂。

附　录
主要优质高产小麦品种及栽培技术要点

1. 中麦 175

（1）**品种来源**　中国农业科学院作物科学研究所选育，亲本组合为 BPM27/京 411。2007 年北京市、山西省农作物品种审定委员会审定，2008年和 2011 年分别通过国家农作物品种审定委员会北部冬麦区和黄淮冬麦区审定。

（2）**特征特性**　冬性。中早熟品种，全生育期 251 天左右，成熟期比对照京冬 8 号早 1 天。幼苗半匍匐，分蘖力和成穗率较高。株高 80 厘米左右，株型紧凑。穗纺锤形，长芒，白壳，白粒，籽粒半角质。平均每亩穗数 45.5 万，穗粒数31.6，千粒重 41.0 克。2007 年、2008 年分别测定混合样：容重 792 克/升、816 克/升，蛋白质

（干基）含量 14.99％、14.68％，湿面筋含量 34.5％、32.3％，沉降值 27.0 毫升、23.3 毫升，吸水率 52％、52％，稳定时间 1.8 分钟、1.5 分钟。抗寒性鉴定：中等。接种抗病性鉴定：中抗白粉病，慢条锈病，高感叶锈病、秆锈病。

（3）**产量表现** 2006—2007 年度参加北部冬麦区水地组品种区域试验，平均每亩产量 464.49 千克，比对照京冬 8 号增产 8.4％；2007—2008 年度续试，平均每亩产量 518.89 千克，比对照京冬 8 号增产 9.6％。2007—2008 年度生产试验，平均每亩产量 488.26 千克，比对照京冬 8 号增产 6.7％。

（4）**栽培要点** 适宜播期 9 月 28 日至 10 月 8 日，每亩适宜基本苗 20 万～25 万。

（5）**适宜地区** 适宜北部冬麦区北京、天津、河北中北部、山西中部和东南部水地种植，也适宜在新疆阿拉尔地区水地作冬麦种植，还适宜黄淮冬麦区山西省南部、陕西省咸阳和渭南、河南省旱肥地及河北省、山东省旱地种植。

2. 中麦 8 号

（1）**品种来源** 中国农业科学院作物科学研

究所选育，亲本组合为核花 971—3/冀 Z76。2010
年通过天津市农作物品种审定委员会审定，2016
年通过河北省农作物品种审定委员会审定。

（2）**特征特性** 冬性。中早熟品种。幼苗半
匍匐，分蘖力中等、成穗率较高，株高 73 厘米，
穗纺锤形，长芒，白壳，白粒，籽粒硬质，平均
亩穗数 38.7 万，穗粒数 34.0，千粒重 40.4 克。
2009 年抗寒性鉴定结果：冻害级别 2＋，越冬茎
100％。2010 年抗寒性鉴定结果：冻害级别 5，越
冬茎 98.7％，死茎率 1.3％。农业部谷物及制品质
量监督检验测试中心（哈尔滨）检测：容重 774
克/升，粗蛋白质 13.77％，湿面筋 28.2％，沉降
值 33.5 毫升，吸水率 60.1％，形成时间 2.5 分
钟，稳定时间 2.3 分钟。

（3）**产量表现** 2008—2009 年度天津市冬小
麦区域试验，平均每亩产量 503.23 千克，较对照
京冬 8 号增产 15.78％，增产极显著，居 14 个品
种第一位。2009—2010 年度天津市冬小麦区域试
验，平均每亩产量 466.20 千克，较对照京冬 8 号
增产 12.03％，增产极显著，居 16 个品种第四位。
2009—2010 年度天津市冬小麦生产试验，平均每

亩产量 464.3 千克，较对照京冬 8 号增产 11.52%，居 15 个品种第二位。2013—2014 年度冀中南早熟组区域试验，平均亩产 571.2 千克；2014—2015 年度同组区域试验，平均亩产 552.5 千克；2015—2016 年度生产试验，平均亩产 537.6 千克。

（4）**栽培要点** 10 月 1～8 日播种，每亩基本苗 20 万，施足底肥，有机肥、磷钾肥底施，氮肥底施和追施各 50%，全生育期每亩施氮16～18 千克。冬前总茎数控制在每亩 70 万～90 万，春季总茎数控制在 90 万～110 万，早春蹲苗，中耕松土，提高地温，重施拔节肥水，注意防治田间杂草和蚜虫，适时收获。

（5）**适宜地区** 适宜天津市及河北省中上等肥力地块种植。

3. **石优 20**

（1）**品种来源** 石家庄市农林科学研究院选育，亲本组合为冀 935—352/济南 17。2009 年通过河北省农作物品种审定委员会审定，2011 年通过国家农作物品种审定委员会审定。

（2）**特征特性**　冬性。中晚熟品种。黄淮冬麦区北片水地组区试，成熟期平均比对照石4185晚熟1天左右。幼苗匍匐，分蘖力强。株高77厘米，旗叶较长，后期干尖较重。茎秆弹性较好，抗倒性较好。成熟落黄较好。穗层整齐，穗下节短，穗纺锤形，白壳，白粒，籽粒角质。每亩穗数43.2万，穗粒数34.5，千粒重38.1克。抗寒性鉴定：较差。抗病性鉴定：高感叶锈病、白粉病、赤霉病、纹枯病、慢条锈病。2009年、2010年品质测定结果：籽粒容重804克/升、785克/升，硬度指数66.4（2009年），蛋白质含量14.02％、14.22％；面粉湿面筋含量31.8％、31.8％，沉降值40.5毫升、34.5毫升，吸水率61.2％、58.0％，稳定时间15.4分钟、8.0分钟，品质达到强筋小麦品种审定标准。北部冬麦区水地组区试，成熟期与对照京冬8号同期。分蘖成穗率较高。株高70厘米，抗倒性较好。每亩穗数39.5万，穗粒数33.1，千粒重38.2克。抗寒性鉴定：中等。抗病性鉴定：高感叶锈病、白粉病、中感条锈病。2009年、2010年分别测定混合样：

籽粒容重 793 克/升、796 克/升，硬度指数 66.3
(2009 年)，蛋白质含量 14.53%、14.59%；面粉
湿面筋含量 32.5%、32.9%，沉降值 44.1 毫升、
54 毫升，吸水率 60.4%、59.4%，稳定时间 8.1
分钟、12.9 分钟，品质达到强筋小麦品种审定
标准。

（3）产量表现　2008—2009 年度参加黄淮冬
麦区北片水地组品种区域试验，平均每亩产量
524.3 千克，比对照石 4185 增产 3.1%；2009—
2010 年度续试，平均每亩产量 508.3 千克，比对
照石 4185 增产 3.3%。2010—2011 年度参加黄淮
冬麦区北片水地组生产试验，平均每亩产量 564.3
千克，比对照石 4185 增产 4.3%。2008—2009 年
度参加北部冬麦区水地组品种区域试验，平均每
亩产量 448.1 千克，比对照京冬 8 号增产 6.7%；
2009—2010 年度续试，平均每亩产量 435.1 千克，
比对照京冬 8 号增产 7.4%。2010—2011 年度参加
北部冬麦区水地组生产试验，平均每亩产量 419.8
千克，比对照中麦 175 减产 2.5%。

（4）栽培要点　黄淮冬麦区北片适宜播种期
10 月 5～15 日，适期播种高水肥地每亩基本苗

16万～20万，中等地力18万～22万。北部冬麦区适宜播种期9月28日至10月6日，适期播种每亩基本苗18万～22万，晚播麦田应适当加大播量。及时防治麦蚜，注意防治叶锈病、白粉病、纹枯病等主要病害。

(5) **适宜地区** 适宜在黄淮冬麦区北片山东省、河北省中南部、山西省南部高中水肥地种植，也适宜在北部冬麦区的河北省中北部、山西省中北部、北京市、天津市水地种植。

4. 晋麦92

(1) **品种来源** 山西省农业科学院小麦研究所选育，亲本组合为临优6148/晋麦33。2012年通过国家农作物品种审定委员会审定。

(2) **特征特性** 弱冬性。中熟品种，成熟期与对照晋麦47相当。幼苗匍匐，生长健壮，叶宽，叶色浓绿，分蘖力较强，成穗率高，成穗数较多。两极分化较快。株高80～95厘米，株型紧凑，旗叶上举。茎秆较软，抗倒性较差。穗层整齐，穗较小。穗长方形，长芒，白壳，白粒，角质，饱满度较好。抗倒春寒能力较强。熟相一般。2010 年、2011 年区域试验平均每亩穗数 30.8 万、32.9 万，穗粒数 28.8、28.6，千粒重 33.6 克、37.1 克。抗旱性鉴定：抗旱性 4 级，较弱。抗病性鉴定：高感条锈病、叶锈病、白粉病和黄矮病。混合样测定：籽粒容重 789 克/升、802 克/升，蛋白质含量 15.98%、15.19%，硬度指数 66.9（2011 年）；面粉湿面筋含量 35.8%、34.2%，沉降值 61.0 毫升、53.9 毫升，吸水率 59.8%、58.4%，面团稳定时间 11.8 分钟、11.0 分钟。品质达到强筋小麦标准。

（3）**产量表现**　2009—2010 年度参加黄淮冬麦区旱薄组区域试验，平均每亩产量 233.8 千克，比对照晋麦 47 增产 0.2%；2010—2011 年度续试，平均每亩产量 276.0 千克，比晋麦 47 减产 2.1%。2011—2012 年度生产试验，平均每亩产量 351.7 千克，比晋麦 47 增产 4.2%。

（4）**栽培要点**　9 月下旬至 10 月上旬播种，每亩基本苗 18 万～24 万。氮、磷、钾肥配合，施足底肥，底肥每亩施尿素 20～30 千克（或碳酸氢铵 60～80 千克）、过磷酸钙 75～100 千克、硫酸钾

5～10 千克。扬花期进行三喷，防病治虫。及时收获，防止穗发芽。

(5) **适宜地区** 适宜在黄淮冬麦区山西南部、陕西宝鸡旱地和河南旱薄地种植。

5. 济麦 22

(1) **品种来源** 山东省农业科学院作物研究所选育，亲本组合为 935024/935106。2006 年通过国家农作物品种审定委员会审定。

(2) **特征特性** 半冬性。中晚熟品种，成熟期比对照石 4185 晚 1 天。幼苗半匍匐，分蘖力中等，起身拔节偏晚，成穗率高。株高 72 厘米左右，株型紧凑，旗叶深绿、上举，长相清秀，穗层整齐。穗纺锤形，长芒，白壳，白粒，籽粒饱满，半角质。平均亩穗数 40.4 万，穗粒数 36.6，千粒重 40.4 克。茎秆弹性好，较抗倒伏。有早衰现象，熟相一般。抗寒性鉴定：差。接种抗病性鉴定：中抗白粉病，中抗至中感条锈病，中感至高感秆锈病，高感叶锈病、赤霉病、纹枯病。2005 年、2006 年分别测定混合样：容重 809 克/升、

773 克/升，蛋白质（干基）含量 13.68%、14.86%，湿面筋含量 31.7%、34.5%，沉降值 30.8 毫升、31.8 毫升，吸水率 63.2%、61.1%，稳定时间 2.7 分钟、2.8 分钟。

（3）**产量表现** 2004—2005 年度参加黄淮冬麦区北片水地组品种区域试验，平均每亩产量 517.06 千克，比对照石 4185 增产 5.03%；2005—2006 年度续试，平均每亩产量 519.1 千克，比对照石 4185 增产 4.30%。2005—2006 年度生产试验，平均每亩产量 496.9 千克，比对照石 4185 增产 2.05%。

（4）**栽培要点** 适宜播期 10 月上旬，播种量不宜过大，每亩适宜基本苗 10 万～15 万。

（5）**适宜地区** 适宜在黄淮冬麦区北片山东、河北南部、山西南部、河南安阳和濮阳水地种植。

6. 徐麦 31

（1）**品种来源** 江苏徐淮地区徐州农业科学研究所选育，亲本组合为烟辐 188/徐州 26。2009 年江苏省农作物品种审定委员会审定，2011 年通过国家农作物品种审定委员会审定。

（2）**特征特性** 半冬性。中晚熟品种，成熟期平均比对照周麦18晚熟1天左右。幼苗半匍匐，叶宽长、深绿色，分蘖力中等，成穗率高。冬季抗寒性一般。春季起身拔节早，对肥水敏感，两极分化慢，抽穗晚，抗倒春寒能力一般。株高83厘米，株型偏紧凑，旗叶窄短、上冲。茎秆弹性一般，抗倒性一般。耐旱性一般，较耐后期高温，熟相好。穗层厚，穗多、穗小。穗纺锤形，无芒，白壳，白粒，籽粒角质，饱满，商品性好。亩穗数40.5万，穗粒数32.1，千粒重42.9克。抗病性鉴定：高感纹枯病，中感叶锈病、白粉病、赤霉病，慢条锈病。2009年、2010年品质测定结果：籽粒容重785克/升、785克/升，硬度指数58.5（2009年），蛋白质含量15.06％、16.13％；面粉湿面筋含量33.0％、35.6％，沉降值46.7毫升、53.0毫升，吸水率57.8％、57.4％，稳定时间8.4分钟、6.4分钟。品质达到强筋品种审定标准。

（3）**产量表现** 2008—2009年度参加黄淮冬麦区南片越冬水组品种区域试验，平均亩产529.6

千克，比对照周麦 18 减产 1.1%；2009—2010 年度续试，比对照周麦 18 增产 3.0%。2010—2011 年度生产试验，平均亩产 536.3 千克，比对照周麦 18 增产 2.5%。

（4）**栽培要点**　适宜播种期 10 月 8～16 日，每亩适宜基本苗 12 万～16 万，肥力水平偏低或播期推迟，应适当增加基本苗。注意防治纹枯病、赤霉病。高水肥地注意防倒伏。

（5）**适宜地区**　适宜在黄淮冬麦区南片河南省中北部、安徽省北部、江苏省北部、陕西省关中地区高中水肥地早中茬种植。

7. 宿 553

（1）**品种来源**　宿州市农业科学院选育，亲本组合为烟农 19/宿 1264。2011 年通过国家农作物品种审定委员会审定。

（2）**特征特性**　半冬性。晚熟品种，成熟期平均比对照周麦 18 晚熟 1 天左右。幼苗半匍匐，长势壮，叶细长，分蘖较强，成穗率一般。冬季抗寒性中等。春季起身拔节快，两极分化快，抽穗晚，抗倒春寒能力较弱。株高 87 厘米，株型偏紧凑，旗叶短小、上冲。茎秆弹性一般，抗倒性较差。耐旱性中等，较耐后期高温，叶功能期长，灌浆快，熟相好。穗层整齐，穗多穗匀，穗小，结实性一般。穗纺锤形，籽粒半角质，较饱满。亩穗数 41.9 万，穗粒数 32.5，千粒重 43.4 克。抗病性鉴定：高感条锈病、叶锈病、白粉病、赤霉病、纹枯病。2009 年、2010 年品质测定结果：籽粒容重 798 克/升、802 克/升，籽粒硬度指数 59.1（2009 年），蛋白质含量 14.21%、14.33%；面粉湿面筋含量 30.9%、31.0%，沉降值 40.3 毫升、42.5 毫升，吸水率 59.6%、54.0%，稳定时间 7.9 分钟、7.2 分钟，品质达到强筋品种审定标准。

（3）**产量表现** 2008—2009 年度黄淮冬麦区南片越冬水组品种区域试验，平均亩产 531.5 千克，比对照周麦 18 减产 0.7%；2009—2010 年度续试，平均亩产 522.9 千克，比对照周麦 18 增产 4.1%。2010—2011 年度生产试验，平均亩产 535.1 千克，比对照周麦 18 增产 2.3%。

（4）**栽培要点** 适宜播种期 10 月 10～20 日，

每亩适宜基本苗 12 万～18 万。注意防治条锈病、叶锈病、白粉病、纹枯病、赤霉病。

（5）**适宜地区** 适宜在黄淮冬麦区南片河南省中北部、安徽省北部、江苏省北部、陕西省关中地区高中水肥地早中茬种植。高水肥地注意防倒伏。在倒春寒频发地区注意防冻害。

8. **舜麦 1718**

（1）**品种来源** 山西省农业科学院棉花研究所选育，亲本组合为 32S/Gabo。2007 年、2009 年通过山西省农作物品种审定委员会审定，2011 年通过国家农作物品种审定委员会审定。

（2）**特征特性** 半冬性。中熟品种，成熟期与对照石 4185 同期。幼苗半匍匐，叶色中绿，分蘖力强，成穗较多。株高 75 厘米，株型松散。抗倒性差。部分试点表现早衰。穗纺锤形，小穗排列紧密，长芒，白壳，白粒，角质。亩穗数 42.6 万，穗粒数 37.9，千粒重 37.1 克。抗寒性鉴定：中等。抗病性鉴定：高感条锈病、叶锈病、白粉病、赤霉病，中感纹枯病。区试田间试验部分试点叶枯病较重。2009 年、2010 年分别测定混合样：籽粒容重 820 克/升、780 克/升，硬度指数 65.8（2009 年），蛋白质含量 14.63%、14.28%；面粉湿面筋含量 31.2%、30.2%，沉降值 48.3 毫升、42 毫升，吸水率 62.2%、58.4%，稳定时间 8.2 分钟、11.3 分钟，最大抗延阻力 398E.U.、518E.U.，延伸性 162 毫米、151 毫米，拉伸面积 86 平方厘米、105 平方厘米。品质达到强筋品种审定标准。

（3）**产量表现**　2008—2009 年度参加黄淮冬麦区北片水地组品种区域试验，平均亩产量 523.8 千克，比对照石 4185 增产 2.9%；2009—2010 年度续试，平均亩产量 504.7 千克，比对照石 4185 增产 3.9%。2010—2011 年度生产试验，平均亩产量 564.3 千克，比对照石 4185 增产 4.3%。

（4）**栽培要点**　适宜播种期 10 月上旬，高水肥地每亩适宜基本苗 18 万～20 万，中等地力 18 万～22 万。播前药剂拌种，防治前期蚜虫传播黄矮病毒。浇好越冬水，后期注意防病、防倒伏。

（5）**适宜地区**　适宜在黄淮冬麦区北片山东

省、河北省中南部、山西省南部高中水肥地种植。高水肥地注意防倒伏。

9. 鲁原 502

(1) 品种来源 山东省农业科学院原子能农业应用研究所、中国农业科学院作物科学研究所选育，亲本组合为 9940168/济麦 19。2011 年通过国家农作物品种审定委员会审定。

(2) 特征特性 半冬性。中晚熟品种，成熟期平均比对照石 4185 晚熟 1 天左右。幼苗半匍匐，长势壮，分蘖力强。区试田间试验记载冬季抗寒性好。成穗数中等，对肥力敏感，高肥水地成穗数多，肥力降低，成穗数下降明显。株高 76 厘米，株型偏散，旗叶宽大、上冲。茎秆粗壮、蜡质较多，抗倒性较好。穗较长，小穗排列稀，穗层不齐。成熟落黄中等。穗纺锤形，长芒，白壳，白粒，籽粒角质，欠饱满。亩穗数 39.6 万，穗粒数 36.8，千粒重 43.7 克。抗寒性鉴定：较差。抗病性鉴定：高感条锈病、叶锈病、白粉病、赤霉病、纹枯病。2009 年、2010 年品质测定结果：籽粒容重 794 克/升、

774 克/升, 硬度指数 67.2 (2009 年), 蛋白质含量 13.14%、13.01%; 面粉湿面筋含量 29.9%、28.1%, 沉降值 28.5 毫升、27 毫升, 吸水率 62.9%、59.6%, 稳定时间 5 分钟、4.2 分钟。

(3) **产量表现** 2008—2009 年度参加黄淮冬麦区北片水地组品种区域试验, 平均亩产量 558.7 千克, 比对照石 4185 增产 9.7%; 2009—2010 年度续试, 平均亩产量 537.1 千克, 比对照石 4185 增产 10.6%。2009—2010 年度生产试验, 平均亩产量 524.0 千克, 比对照石 4185 增产 9.2%。

(4) **栽培要点** 适宜播种期 10 月上旬, 每亩适宜基本苗 13 万~18 万。加强田间管理, 浇好灌浆水。及时防治病虫害。

(5) **适宜地区** 适宜在黄淮冬麦区北片山东省、河北省中南部、山西省中南部高水肥地种植。

10. 锦绣 21

(1) **品种来源** 河南锦绣农业科技有限公司选育。亲本组合为矮抗 58/06101。2018 年通过国家农作物品种审定委员会审定。

（2）**特征特性** 半冬性。全生育期 230 天，与对照品种周麦 18 熟期相当。幼苗近匍匐，叶片宽长，分蘖力较强，耐倒春寒能力中等。株高 78.5 厘米，株型稍松散，茎秆弹性中等，抗倒性中等。旗叶宽大、平展，穗层厚，熟相一般。穗长方形，长芒、白壳、白粒，籽粒半角质，饱满度中等。亩穗数 39.7 万，穗粒数 34.3，千粒重 44.2 克。抗病性鉴定：高感白粉病和赤霉病，中感叶锈病和纹枯病，中抗条锈病。品质检测：籽粒容重 824 克/升、828 克/升，蛋白质含量 14.30%、14.74%，湿面筋含量 28.2%、30.6%，稳定时间 8.2 分钟、16.4 分钟。2016 年主要品质指标达到强筋小麦标准。

（3）**产量表现** 2014—2015 年度参加黄淮冬麦区南片越冬水组品种区域试验，平均亩产 543.2 千克，比对照周麦 18 增产 5.3%；2015—2016 年度续试，平均亩产 536.3 千克，比周麦 18 增产 6.1%。2016—2017 年度生产试验，平均亩产 575.2 千克，比对照增产 5.9%。

（4）**栽培要点** 适宜播种期 10 月上中旬，每亩适宜基本苗 12 万～20 万，注意防治蚜虫、白粉病、赤霉病、叶锈病、纹枯病等病虫害。高水肥地块注意防止倒伏。

(5) **适宜地区** 适宜黄淮冬麦区南片河南省除信阳市和南阳市南部部分地区以外的平原灌区，陕西省西安、渭南、咸阳、铜川和宝鸡市灌区，江苏和安徽两省淮河以北地区高中水肥地块中茬种植。

11. 西农 511

(1) **品种来源** 西北农林科技大学选育。亲本组合为西农 2000—7/99534。2018 年通过国家农作物品种审定委员会审定。

(2) **特征特性** 半冬性。全生育期 233 天，比对照品种周麦 18 晚熟 1 天。幼苗匍匐，分蘖力强，耐倒春寒能力中等。株高 78.6 厘米，株型稍松散，茎秆弹性较好，抗倒性好。旗叶宽大、平展，叶色浓绿，穗层整齐，熟相好。穗纺锤形，短芒、白壳，籽粒角质，饱满度较好。亩穗数 36.9 万，穗粒数 38.3，千粒重 42.3 克。抗病性鉴定：高感白粉病、赤霉病，中感叶锈病、纹枯病，中抗条锈病。区试两年品质检测：籽粒容重 815 克/升、820 克/升，蛋白质含量 14.00%、14.68%，湿面筋含量 28.2%、32.2%，稳定时间 11.2 分钟、13.6 分钟。2017 年主要品质指标达到强筋小麦标准。

（3）**产量表现**　2015—2016 年度参加黄淮冬麦区南片早播组品种区域试验，平均亩产 533.1 千克，比对照周麦 18 增产 5.4%；2016—2017 年度续试，平均亩产 575.8 千克，比周麦 18 增产 3.9%。2016—2017 年度生产试验，平均亩产 571.5 千克，比对照增产 4.8%。

（4）**栽培要点**　适宜播种期 10 月上中旬，每亩适宜基本苗 12 万～20 万。注意防治蚜虫、白粉病、赤霉病、叶锈病、纹枯病等病虫害。

（5）**适宜地区**　适宜黄淮冬麦区南片河南省除信阳市和南阳市南部部分地区以外的平原灌区，陕西省西安、渭南、咸阳、铜川和宝鸡市灌区，江苏和安徽两省淮河以北地区高中水肥地块中茬种植。

12. **周麦 36 号**

（1）**品种来源**　周口市农业科学院选育。亲本组合为矮抗 58/周麦 19//周麦 22。2018 年通过国家农作物品种审定委员会审定。

（2）特征特性　半冬性。全生育期 232 天，与对照品种周麦 18 熟期相当。幼苗半匍匐，叶片宽短，叶色浓绿，分蘖力中等，耐倒春寒能力中等。株高 79.7 厘米，株型松紧适中，茎秆蜡质层较厚，茎秆硬，抗倒性强。旗叶宽长、内卷、上冲，穗层整齐，熟相好。穗纺锤形、短芒、白壳、白粒，籽粒角质，饱满度较好。亩穗数 36.2 万，穗粒数 37.9，千粒重 45.3 克。抗病性鉴定：高感白粉病、赤霉病、纹枯病，高抗条锈病和叶锈病。区试两年品质检测：籽粒容重 796 克/升、812 克/升，蛋白质含量 14.78%、13.02%，湿面筋含量 31.0%、32.9%，稳定时间 10.3 分钟、13.6 分钟。2016 年主要品质指标达到强筋小麦标准。

（3）产量表现　2015—2016 年度参加黄淮冬麦区南片早播组品种区域试验，平均亩产 542.7 千克，比对照周麦 18 增产 5.7%；2016—2017 年度续试，平均亩产 589.6 千克，比周麦 18 增产 5.7%。2016—2017 年度生产试验，平均亩产 582.1 千克，比对照增产 6.7%。

（4）**栽培要点**　适宜播种期10月上中旬，每亩适宜基本苗15万～22万。注意防治蚜虫、白粉病、纹枯病、赤霉病等病虫害。

（5）**适宜地区**　适宜黄淮冬麦区南片河南省除信阳市和南阳市南部部分地区以外的平原灌区，陕西省西安、渭南、咸阳、铜川和宝鸡市灌区，江苏和安徽两省淮河以北地区高中水肥地块中茬种植。

13. **中麦5051**

（1）**品种来源**　中国农业科学院作物科学研究所选育。亲本组合为烟农19/烟农21。2019年通过国家农作物品种审定委员会审定。

（2）**特征特性**　半冬性。全生育期232天，比对照品种济麦22早熟1天。幼苗半匍匐，叶片窄，叶色黄绿，分蘖力较强。株高80厘米，株型较紧凑，抗倒性一般。旗叶上举，整齐度较好，穗层整齐，熟相较好。穗纺锤形，长芒、白壳、白粒，籽粒半角质，饱满度较好。亩穗数46.9万，穗粒数33.9，千粒重38.4克。抗病性鉴定：

高感条锈病、叶锈病和白粉病，感纹枯病，中抗赤霉病。区试两年品质检测结果：籽粒容重 808 克/升、802 克/升，蛋白质含量 15.5%、16.3%，湿面筋含量 33.1%、35.4%，稳定时间 17.3 分钟、16.2 分钟，吸水率 61.4%、61.2%，最大拉伸阻力 494E. U.、558E. U.，拉伸面积 96 平方厘米、111.5 平方厘米。2017—2018 年度品质指标达到强筋小麦品种审定标准。

（3）**产量表现** 2016—2017 年度参加良种攻关黄淮冬麦区北片水地组区域试验，平均亩产 565.1 千克，比对照济麦 22 增产 0.5%；2017—2018 年度续试，平均亩产 483.2 千克，比对照增产 5.0%。2017—2018 年度生产试验，平均亩产 497.4 千克，比对照增产 3.7%。

（4）**栽培要点** 适宜播种期 10 月上中旬，每亩适宜基本苗 15 万～18 万。注意防治蚜虫、条锈病、叶锈病、白粉病和纹枯病等病虫害。高水肥地块种植注意防止倒伏。

（5）**适宜地区** 适宜黄淮冬麦区北片山东省全部、河北省保定市和沧州市南部及其以南地区、山西省运城和临汾市盆地灌区种植。

14. 中麦 578

(1) 品种来源 中国农业科学院作物科学研究所、中国农业科学院棉花研究所选育。亲本组合为中麦 255/济麦 22。2019 年通过河南省农作物品种审定委员会审定。

(2) 特征特性 半冬性。全生育期 219.5～229.6 天，平均熟期比对照品种周麦 18 早熟 1.0 天。幼苗半直立，叶色浓绿，苗势壮，分蘖力较强，成穗率较高，冬季抗寒性好。春季起身拔节早，两极分化快，抽穗早。株高 76.8～85.7 厘米，株型较紧凑，抗倒性中等。旗叶宽长，穗层整齐，熟相好。穗纺锤形，长芒，白壳，白粒，籽粒角质，饱满度较好。亩穗数 39.5 万～43.6 万，穗粒数 26.0～29.1，千粒重 46.0～48.6 克。抗病性鉴定：中感条锈病、叶锈病、白粉病和纹枯病，高感赤霉病。2017 年、2018 年品质检测：蛋白质含量 15.1%、16.3%，容重 821 克/升、803 克/升，湿面筋含量 30.8%、32.6%，每百克吸水量 61.6 毫升、57.6 毫升，稳定时间 18.0 分钟、12.7 分钟，拉伸面积 131 平方厘米、140 平方厘米，最大拉伸阻力 676E.U.、596E.U.。2017 年品质指标达到强筋小麦标准。

（3）**产量表现** 2016—2017 年度河南省强筋组区试，10 点汇总，达标点率 90%，平均亩产 526.0 千克，比对照品种周麦 18 增产 4.1%；2017—2018 年度续试，11 点汇总，达标点率 90.9%，平均亩产 426.3 千克，比对照品种周麦 18 增产 9.0%；2017—2018 年度生产试验，11 点汇总，达标点率 100%，平均亩产 444.2 千克，比对照品种周麦 18 增产 7.4%。

（4）**栽培要点** 适宜播种期 10 月上中旬，每亩适宜基本苗 16 万～18 万。注意防治蚜虫、赤霉病、条锈病、叶锈病、白粉病和纹枯病等病虫害，注意预防倒春寒。

（5）**适宜地区** 适宜河南省（南部长江中下游麦区除外）早中茬地种植。

15. 川麦 60

（1）**品种来源** 四川省农业科学院作物研究

所选育，亲本组合为 98—1231//贵农 21/生核 3295。2011 年通过国家农作物品种审定委员会审定。

(2) 特征特性 春性品种。成熟期平均比对照川农 16 晚熟 1 天。幼苗半直立，苗叶较窄，分蘖力强。株高 92 厘米，株型较紧凑。穗层整齐，熟相好。穗长方形，长芒，白壳，红粒，籽粒半角质，均匀，较饱满。亩穗数 25.2 万、穗粒数 35.7，千粒重 46.6 克。抗病性鉴定：高抗条锈病，高感白粉病、赤霉病、叶锈病。2009 年、2010 年品质测定结果：籽粒容重 786 克/升、792 克/升，硬度指数 52.9、53.9，蛋白质含量 12.23%、12.25%；面粉湿面筋含量 24.0%、24.3%，沉降值 28.5 毫升、30.0 毫升，吸水率 55.3%、59.5%，稳定时间 3.4 分钟、3.0 分钟。

(3) 产量表现 2008—2009 年度参加长江上游冬麦组品种区域试验，平均亩产 366.0 千克，比对照川农 16 增产 15.3%；2009—2010 年度续试，平均亩产 387.8 千克，比对川农 16 增产 6.8%。2010—2011 年生产试验，平均亩产 373.8 千克，比对照增产 3.23%。

（4）**栽培要点** 适宜播种期 10 月底到至 11 月初，每亩适宜基本苗 10 万～14 万。注意防治蚜虫、白粉病和叶锈病。

（5）**适宜地区** 适宜在西南冬麦区四川省、贵州省、重庆市，陕西省汉中和安康地区，湖北省襄阳地区，甘肃省徽成盆地川坝河谷种植。

16. 绵麦 51

（1）**品种来源** 绵阳市农业科学研究院选育，亲本组合为 12751/991522。2012 年通过国家农作物品种审定委员会审定。

（2）**特征特性** 春性品种。成熟期比对照川麦 42 晚 1～2 天。幼苗半直立，苗叶较短直，叶色深，分蘖力较强，生长势旺。株高 85 厘米，穗层整齐。穗长方形，长芒，白壳，红粒，籽粒半角质，均匀、较饱满。2010 年、2011 年区域试验平均亩穗数 22.6 万、22.9 万，穗粒数 45.0、42.0，千粒重 45.3 克、45.4 克。抗病性鉴定：高抗白粉病，慢条锈病，高感赤霉病、叶锈病。混合样测定：籽粒容重 772 克/升、750 克/升，蛋白质含量

11.71%、12.71%，硬度指数 46.4、51.5，面粉湿面筋含量 23.2%、24.9%；沉降值 19.5 毫升、28.0 毫升，吸水率 51.3%、51.6%，面团稳定时间 1.8 分钟、1.0 分钟。品质达到弱筋小麦标准。

（3）**产量表现**　2009—2010 年度参加长江上游冬麦组品种区域试验，平均亩产 374.9 千克，比对照川麦 42 减产 1.0%；2010—2011 年度续试，平均亩产 409.3 千克，比川麦 42 增产 3.6%；2011—2012 年度生产试验，平均亩产 382.2 千克，比对照品种增产 11.4%。

（4）**栽培要点**　10 月底至 11 月初播种，每亩基本苗 14 万～16 万。注意防治蚜虫、条锈病、赤霉病、叶锈病等病虫害。

（5）**适宜地区**　适宜在西南冬麦区四川、云南、贵州、重庆，陕西汉中和甘肃徽成盆地川坝河谷种植。

17. 新旱 688

（1）**品种来源**　新疆农业科学院奇台麦类试验站选育，亲本组合为 90J210/Y5。2012 年通过国家农作物品种审定委员会审定。

（2）**特征特性**　春性品种。生育期 90～136 天。幼苗直立。株高 46～117 厘米，抗倒伏性较好。穗长方形，长芒，红壳，白粒，籽粒角质、饱满。熟相好，口紧不易落粒。亩有效穗数 12.7 万～37.0 万，穗粒数 19.0～55.0，千粒重 26.4～46.4 克。抗旱性鉴定：3 级，中等。抗病性鉴定：高抗条锈病，慢叶锈病，中感白粉病、黄矮病。2009 年、2010 年分别测定混合样：籽粒容重 784 克/升、792 克/升，蛋白质含量 17.70%、17.50%，硬度指数 61.2、65.2，面粉湿面筋含量 37.3%、37.1%，沉降值 71.0 毫升、71.5 毫升，吸水率 62.4%、65.3%，面团稳定时间 22.6 分钟、11.9 分钟。品质达到强筋小麦标准。

（3）**产量表现**　2009 年参加西北春麦旱地组区域试验，平均亩产量 232.1 千克，比对照定西 35 增产 12.2%；2010 年续试，平均亩产量 200.9 千克，比对照西旱 2 号增产 9.9%。2011 年生产试验，平均亩产量 158.4 千克，比对照增产 6.4%。

（4）**栽培要点**　3 月中下旬至 4 月初播种，当气温稳定通过 0 ℃时，顶凌播种，亩基本苗

30万～40万。注意防治叶锈病、白粉病、黄矮病等。

(5) **适宜地区**　适宜在甘肃中部、青海中东部、宁夏西海固、新疆天山东部旱地、半干旱地春麦区种植。

18. 西农509

(1) **品种来源**　西北农林科技大学农学院选育，亲本组合为VP145/86585。2011年通过国家农作物品种审定委员会审定。

(2) **特征特性**　弱春性。中早熟品种，成熟期平均比对照偃展4110晚熟1天左右。幼苗半直立，叶长挺、浅绿色，分蘖力较强，成穗率一般。冬季抗寒性一般。春季起身拔节早，春生分蘖多，两极分化慢，抗倒春寒能力中等。株高81厘米，株型偏松散，旗叶宽长、上冲，抗倒性中等。耐旱性和抗后期高温能力较好，叶功能期长，熟相好。穗层整齐，小穗排列密，结实性好。穗圆锥形，长芒，白壳，白粒，籽粒角质，饱满度较好。亩穗数40.0万，穗粒数36.2，千粒重37.3克。

抗病性鉴定：高感叶锈病、白粉病、赤霉病、纹枯病，中抗条锈病。2009 年、2010 年品质测定结果：籽粒容重 816 克/升、822 克/升，硬度指数 67.4（2009 年），蛋白质含量 14.45%、14.38%；面粉湿面筋含量 30.9%、30.6%，沉降值 42.0 毫升、38.6 毫升，吸水率 56.9%、56.7%，稳定时间 15.5 分钟、14.2 分钟，品质达到强筋品种审定标准。

（3）**产量表现**　2008—2009 年度参加黄淮冬麦区南片春水组品种区域试验，平均亩产 505 千克，比对照偃展 4110 减产 2.1%；2009—2010 年度续试，平均亩产 502.9 千克，比对照偃展 4110 增产 2.8%。2010—2011 年度生产试验，平均亩产 521.3 千克，比对照偃展 4110 增产 4.4%。

（4）**栽培要点**　适宜播种期 10 月 10～25 日，每亩适宜基本苗 18 万～22 万。注意防治白粉病、叶锈病、纹枯病、赤霉病。高水肥地注意防倒伏。

（5）**适宜地区**　适宜在黄淮冬麦区南片河南省（南部稻茬麦区除外）、安徽省北部、江苏省北部、陕西省关中地区高中水肥地中晚茬种植。

19. **皖西麦 0638**

（1）品种来源 六安市农业科学研究院选育。亲本组合为扬麦 9 号/Y18。2018 年通过国家农作物品种审定委员会审定。

（2）特征特性 春性品种。全生育期 198 天，比对照品种扬麦 20 早熟 1～2 天。幼苗半直立，叶色深绿，分蘖力中等。株高 83 厘米，株型较松散，抗倒性一般。旗叶下弯，蜡粉重，熟相较好。穗纺锤形，长芒、白壳、红粒，籽粒半角质。亩穗数 31.0 万，穗粒数 37.2，千粒重 39.8 克。抗病性鉴定：高感纹枯病、条锈病、叶锈病和白粉病，中感赤霉病。区试两年品质检测：籽粒容重 759 克/升、773 克/升，蛋白质含量 11.18%、12.35%，湿面筋含量 19.2%、21.9%，稳定时间 1.1 分钟、1.6 分钟。2015 年主要品质指标达到弱筋小麦标准。

（3）产量表现 2014—2015 年度参加长江中下游冬麦组品种区域试验，平均亩产 411.3 千克，比对照扬麦 20 增产 2.9%；2015—2016 年度续试，平均亩产 402.7 千克，比扬麦 20 增产 4.3%。
2016—2017 年度生产试验，平均亩产 444.0 千克，
比对照增产 5.8%。

（4）**栽培要点**　适宜播种期 10 月下旬至 11 月
上旬，每亩适宜基本苗 16 万～20 万。注意防治蚜
虫、赤霉病、条锈病、叶锈病、纹枯病和白粉病
等病虫害。

（5）**适宜地区**　适宜长江中下游冬麦区江苏
淮南地区、安徽淮南地区、上海、浙江、湖北中
南部地区、河南信阳地区种植。

20.　光明麦 1311

（1）**品种来源**　光明种业有限公司、江苏省
农业科学院粮食作物研究所选育。亲本组合为
3E158/宁麦 9 号。2018 年通过国家农作物品种审
定委员会审定。

（2）**特征特性**　春性品种。全生育期 201 天，
比对照品种扬麦 20 晚熟 1～2 天。幼苗直立，叶色
深绿，分蘖力较强。株高 84 厘米，株型较松散，
抗倒性较强。旗叶上举，穗层整齐，熟相中等。

穗纺锤形，长芒、白壳、红粒，籽粒半角质，饱满度中等。亩穗数30.1万，穗粒数38.7，千粒重38.6克。抗病性鉴定：高感条锈病、叶锈病和白粉病，中感纹枯病，中抗赤霉病。区试两年品质检测：籽粒容重780克/升、783克/升，蛋白质含量11.38%、12.63%，湿面筋含量22.5%、26.4%，稳定时间2.5分钟、4.0分钟。2015年主要品质指标达到弱筋小麦标准。

（3）**产量表现** 2014—2015年度参加长江中下游冬麦组品种区域试验，平均亩产409.6千克，比对照扬麦20增产2.0%；2015—2016年度续试，平均亩产394.3千克，比扬麦20增产1.3%。2016—2017年度生产试验，平均亩产438.6千克，比对照增产4.6%。

（4）**栽培要点** 适宜播种期10月下旬至11月上旬，每亩适宜基本苗14万～16万。注意防治蚜虫、赤霉病、白粉病、纹枯病、条锈病和叶锈病等病虫害。

（5）**适宜地区** 适宜长江中下游冬麦区江苏淮南地区、安徽淮南地区、上海、浙江、河南信阳地区种植。

21.　津强 7 号

（1）**品种来源**　天津市农作物研究所选育。亲本组合为冬丰 701/小冰麦 33//津强 1 号/辽春 10 号。2013 年通过国家农作物品种审定委员会审定。

（2）**特征特性**　春性。早熟品种，全生育期 78 天，比对照辽春 17 早熟 2 天。幼苗直立。株高 78 厘米，株型紧凑，抗倒性好。穗纺锤形，长芒、红壳、红粒，籽粒角质、饱满度较好。平均亩穗数 43.3 万，穗粒数 35.1，千粒重 41.6 克。抗病性接种鉴定：高感白粉病，中抗叶锈病，中感秆锈病。品质混合样测定：籽粒容重 809 克/升，蛋白质含量 17.67%，硬度指数 72.7，面粉湿面筋含量 35.3%，沉降值 65.8 毫升，吸水率 64.6%，面团稳定时间 10.4 分钟，最大拉伸阻力 703 E.U.，延伸性 213 毫米，拉伸面积 202 平方厘米。品质达到强筋小麦标准。

（3）**产量表现**　2010 年参加东北春麦早熟组品种区域试验，平均亩产 333.9 千克，比对照辽春 17 增产 3.0%；2011 年续试，平均亩产 333.6 千克，比辽春 17 增产 4.7%。2012 年生产试验，平均亩产 341.4 千克，比辽春 17 增产 4.8%。

（4）**栽培要点**　开春顶凌播种，亩播种量 17.5 千克，基本苗 40 万～42 万。注意防治白粉病、蚜虫等病虫害。

（5）**适宜地区**　适宜东北春麦早熟区内蒙古通辽、辽宁、吉林，以及天津、河北张家口坝下作春麦种植。

参考文献

《植保员手册》编绘组，1971. 麦类、油菜、绿肥病虫害的防治. 上海：上海人民出版社.

北京农业大学等，1985. 简明农业词典. 北京：科学出版社.

陈万权，2012. 图说小麦病虫草鼠害防治关键技术. 北京：中国农业出版社.

金善宝，1986. 中国小麦品种志. 北京：农业出版社.

金善宝，1990. 小麦生态研究. 杭州：浙江科学技术出版社.

金善宝，1996. 中国小麦学. 北京：中国农业出版社.

金善宝，刘定安，1964. 中国小麦品种志. 北京：农业出版社.

李晋生，阎宗彪，1986. 小麦栽培200题. 北京：农业出版社.

马奇祥，1998. 麦类作物病虫草害防治彩色图说. 北京：中国农业出版社.

钱维朴，1983. 小麦大元麦栽培问答. 南京：江苏科学技术出版社.

全国农业技术推广服务中心，2004. 小麦病虫防治分册.
  北京：中国农业出版社.

山东农学院，1980. 作物栽培学（北方本）. 北京：农业出
  版社.

上海农业科学院作物育种栽培研究所主编，1984. 三麦生
  产问答. 上海：上海科学技术出版社.

孙芳华，1996. 小麦优质丰产技术问答. 北京：科学普及
  出版社.

孙世贤，2001. 中国农作物优良品种. 北京：中国农业科
  技出版社.

于振文，2001. 优质专用小麦品种及栽培. 北京：中国农
  业出版社.

赵广才，王崇义，2003. 小麦. 武汉：湖北科学技术出版社.

赵增煜，1986. 常用农业科学实验方法，北京：农业出版社.

中国农业科学院，1959. 中国农作物病虫图谱（第一集、
  第二集）. 北京：农业出版社.

中国农业科学院，1979. 小麦栽培理论与技术. 北京：农
  业出版社.